施工企业项目经理培训教材

项目经理实战手册

张云富 编著

中国建筑工业出版社

图书在版编目（CIP）数据

项目经理实战手册/张云富编著. —北京：中国建筑
工业出版社，2017.6
施工企业项目经理培训教材
ISBN 978-7-112-20620-9

Ⅰ.①项⋯　Ⅱ.①张⋯　Ⅲ.①建筑工程-项目管
理-岗位培训-教材　Ⅳ.①TU71

中国版本图书馆 CIP 数据核字(2017)第 065659 号

本书主要包含以下内容：工程项目管理的背景、项目启动策划及投标、项目前期准备工作、项目管理及管理热点、实际案例。本书实用性强，适合项目经理及项目相关管理人员参考使用。

责任编辑：朱首明　李　明　李　阳　张晨曦
责任设计：李志立
责任校对：焦　乐　刘梦然

施工企业项目经理培训教材
项目经理实战手册
张云富　编著

*

中国建筑工业出版社出版、发行（北京海淀三里河路9号）
各地新华书店、建筑书店经销
北京科地亚盟排版公司制版
北京建筑工业印刷厂印刷

*

开本：787×1092毫米　1/16　印张：9¼　字数：225千字
2017年9月第一版　2017年9月第一次印刷
定价：**23.00**元
ISBN 978 - 7 - 112 - 20620 - 9
(30285)

前　言

项目经理管好钱，用好人，协调好事，平衡各方利益，保证工程项目连续、均衡、顺利实施，最终实现项目管理目标效益，是项目经理工作价值的体现。本书旨在帮助项目经理在通过建造师考试并受聘上岗后顺利开展工作。本书主要内容如下：工程项目管理的背景、项目启动策划及投标、项目前期准备工作、项目管理及管理热点、实际案例。

本书由张云富编著，李永红、张振禹、王安鑫、季忠原、徐利、王成发、史建锋、刘文龙、孙振楠、隗合新、张宽荣、付国刚、范志强、管基海、廖志雄、王占山参与编写。

本书在编写过程中得到了各级领导、业内专家及工程管理人员、技术人员的支持和帮助，在此表示衷心感谢。

本书虽经充分的讨论与反复修改，但由于编者的水平所限，书中缺点和谬误在所难免，恳请各位读者提出宝贵意见。

目 录

V

1 绪 论

1.1 工程项目管理的现状及发展趋势

1.1.1 工程项目管理的现状

随着社会经济的发展，工程项目管理技术也取得了长足的进步，涌现出了许多新的管理技术和方法：项目风险管理技术、项目集成化和结构化管理技术、项目管理可视化技术、项目过程测评技术、项目回顾和项目管理成熟度评价思想与方法、大型项目管理和多项目管理方法等，从而形成了工程项目管理方法的多样化、内容的全面化。

我国的项目管理取得的成绩是显著的，但现阶段工程管理中由于管理不善、不规范所造成的问题也很突出：质量及安全事故不断、工期拖延、费用超支等，特别是近两年来出现的多起重大工程质量安全事故，不仅给国家和人民的生命财产造成了巨大的损失，同时也对社会造成了不良影响。

工程项目管理的不足之处主要存在于以下几方面：

（1）工程项目管理的观念淡薄。

（2）在项目的获取上还缺乏营销的概念。

（3）工程项目管理的工作范围有待扩展。

（4）竞争中过分重视价格的作用。

（5）项目管理人员素质有待提高。

（6）工程项目管理工作中信息化程度不够。

（7）不重视项目的可行性研究。

（8）管理中的一些其他问题：组织关系复杂，协调工作大；投入资金的管理问题；各自责任不明，分工不确切；重进度，轻质量；计划工作不落实；材料供应、设备落实难；合同问题。

1.1.2 工程项目管理的发展趋势

1. 项目管理的国际化趋势

随着我国改革开放的发展，经济日益市场化、全球化，海外投资也不断增多，许多项目要通过国际招标、咨询或 BOT 方式运作，工程项目逐渐国际化。

2. 项目管理的信息化趋势

随着计算机、软件、网络技术的不断进步以及知识经济时代的到来，使用项目管理软件，运用计算机网络技术进行网络化、虚拟化的项目管理变得越来越普及，通过知识共享、运用集体智慧来提高应变能力和创新能力，使项目管理呈现出信息化的趋势。

3. 工程项目全生命管理

在工程项目管理过程中，从工程项目前期策划，直至工程项目拆除的项目全生命周期内进行策划、协调和控制等项目管理活动越来越被认可，使得项目在预期内顺利地完成建设任务，并最终满足用户的需求，从而使项目各方达到利益最大化。

4. 工程项目管理的集成化

追求效益最大化是工程项目管理的一个重要目标，将工程项目的利益关系者和工程项目的过程作为一个完整的整体进行研究，通过集成化的思想，并用项目管理的系统方法、模型、工具对工程项目相关资源进行系统整合，以达到工程项目设定的具体目标和投资效益最大化，是工程项目管理的一种有效方法，也是今后工程项目管理的迫切需求之一。

5. 合作管理

工程项目各参与方之间既对立又统一，当各方之间视彼此为对手时，争议和诉讼等问题在所难免，结果只会两败俱伤。而工程参与各方彼此相互信任、资源共享、及时沟通、相互合作，共同解决建设工程实施过程中出现的问题，共同分担工程风险和有关费用，才能实现参与各方的目标和利益。

6. 工程项目总控

以独立和公正的方式，对工程项目实施活动进行综合协调，围绕工程项目的费用、进度和质量等目标进行综合系统规划，并通过对工程项目实施的所有环节依次进行调查、分析、建议和咨询，提出对工程项目实施切实可行的建议方案，供工程项目的管理层决策参考，从而实现工程项目的整体把控和宏观调节。

7. "代建制"项目

所谓"代建制"则是指项目业主通过招标的方式，选择社会专业化的项目管理单位，负责整个工程项目的管理，包括可行性研究、设计、采购、施工、竣工试运行等项目的投资管理和建设组织实施工作，项目建成后交付使用单位的制度。因此，"代建制"使工程项目的管理更加专业化，更有利于工程项目的顺利开展，是我国工程项目管理的发展趋势。

8. PPP 模式

PPP（Public-Private-Partnership）的字母缩写，是指政府与私人组织之间，为了合作建设城市基础设施项目，或是为了提供某种公共产品和服务，以特许权协议为基础，彼此之间形成一种伙伴式的合作关系，并通过签署合同来明确双方的权利和义务，以确保合作的顺利完成，最终使合作各方达到比预期单独行动更为有利的结果。PPP 项目多包括融资、设计、采购、施工、竣工运行等项目的投资管理和建设组织实施工作，项目建设后运维若干年（当前最常见的是 28~30 年）后交付使用单位的项目。

1.2　工程项目经理需要提升的实战能力

（1）加强工程概算方面学习。熟悉一些重要的材料的用量和市场价格，以确保审核无误。

（2）熟悉专业知识。不仅仅要掌握土建施工及其管理模式，更要了解水、电等相关专业知识。这对于处理工程质量问题、安排工程进度有着重要作用。

（3）具备交际能力。工程项目经理要处理项目部内外事务，协调参与各方之间的关系，所以一定要具备良好的交际能力。

（4）更新知识储备。随着时代的进步，新的建筑材料、施工技术、施工工艺、施工设备不断出现，项目经理要时常更新相关知识储备，以便实施有效管理。

（5）了解项目经济活动过程。项目的实施过程就是一个经济活动过程，不了解该过程就无法控制好成本，无法进行多方案的技术经济比较，从而难以很好地控制、筹集和使用资金。

（6）了解相关合同及法律法规。依法进行合同管理，保护施工方利益并做好索赔管理。

（7）重视安全。安全第一，所以一定要重视施工中的安全问题，营造一个安全的施工环境。

2 项目启动策划及投标

2.1 工程项目启动

2.1.1 项目启动令

企业收到招（议）标文件，按有关程序及规定进行评审。对边、远、散、小项目应强化廉政风险的评审。决定参与投标后，由企业负责人或其委托人签发《项目启动令》。对于"三边（边勘测、边设计、边施工）工程"或其他特殊工程，也应依据有关协议或指令、会议纪要等办理项目的启动手续。《项目启动令》是项目启动的见证文件，它的签署发布标志一个项目在公司内正式启动。启动令包含的内容有：

（1）工程概况：项目名称、项目地点、建设单位、设计单位等。

（2）工程项目特征性质：项目授权属性、项目规模、项目功能、项目投资分类、工程类别分类、施工技术分类、承建模式分类、建设阶段分类等。

（3）启动期间的主要任务、责任部门、责任人、完成期限。

（4）启动令的编制人、审核人、命令签署人及时间。

（5）启动的其他要求。

2.1.2 启动期间的主要任务

启动期间的主要任务包括：

（1）项目策划。

（2）投标组织、投标、履约保函办理。

（3）投标成本测算。

（4）现金流分析。

（5）提名项目部主要组成人员。

（6）其他有关事项。

2.1.3 启动期间项目经理的工作

（1）参与项目策划。

（2）参与招（议）标文件评审。

（3）参与投标。

（4）参与投标成本测算。

（5）参与项目部主要组成人员筛选。

（6）参与其他有关事项。

2.2 工程项目策划

项目启动后，企业应进行项目策划。企业各相关部门按照《项目策划书编制任务表》承担相应的项目策划任务。《项目策划书》应具有指导性，是企业和项目部执行的纲领性文件。企业对《项目策划书》进行评审论证，经批准后实施。

2.2.1 项目策划书编制的内容及职责分工

《项目策划书》的主要内容应包括：项目战略定位、成本分析、质量、安全、环保、工期、成本、现金流等目标，项目部组织形式及资源配备、风险防控、廉政措施等。

项目策划书编制任务表，见表 2-1。

项目策划书编制任务表   表 2-1

序号	策划内容	责任部门
1	项目战略定位	
2	投标策略	
3	合同谈判策略	
4	项目目标（质量、安全、环境、工期、成本等）	
5	项目部组成及人员配备	
6	项目部权限	
7	成本测算及控制策略	
8	资金情况分析及保障策略	
9	重大风险点及防控策略	
10	项目安全生产策划	
11	重大工期节点	
12	设计及技术管理策略	
13	主要资源组织方式（临时设施配置、分包采购、物资采购、周转材料采购、施工设备采购等）	
14	文化风俗禁忌	
15	税务策划	
16	其他	
审核人：	批准人：	
年 月 日	年 月 日	

2.2.2 项目经理在企业策划期间的任务

（1）参与项目目标策划。

（2）参与项目部组成及人员配备策划。

（3）参与成本测算及控制策略策划。

（4）参与重大风险点分析及防控策略策划。

（5）参与项目安全生产策划。

（6）参与重大工期节点策划。

（7）参与主要施工技术方案策划。

（8）参与主要资源组织方式（临时设施配置、分包采购、物资采购、周转材料采购、施工设备采购等）的策划。

（9）参与其他相关策划。

2.3 工程项目投标

2.3.1 企业在投标阶段的主要工作

1. 项目调查

（1）企业在投标前应对项目所在地建筑市场环境、政治经济文化环境、施工现场及周边环境等情况进行调查，形成相应的调查报告。必要时，应附带补充说明材料或影像资料。

（2）项目现场情况调查人员应完成项目现场条件调查、绘制现场周边环境简图、对施工现场进行总体评价、提出现场施工时可能遭遇的疑难问题。

现场条件调查的具体内容包括：拆迁情况、场地平整情况、通水通电情况、道路情况、污水排放情况、地质情况、周边社区、周边环境、施工材料供应情况、当地劳务情况、政府机构情况等。

2. 风险分析

（1）企业应依据招（议）标文件评审情况、项目调查报告等，评估项目实施风险，确定项目风险等级，形成《项目风险评估及防控措施》，作为投标、合同谈判及项目实施的依据。对边、远、散、小项目应强化实施过程中的廉政风险等评审。

（2）项目中标后，企业通过《项目部责任书》确定项目风险防控目标，项目部通过《项目部实施计划》制定相应控制措施，防范并化解项目风险。

（3）项目风险评估及防控措施包括风险评估的内容、风险程度等级（低、中、高）、可采取防范或降低风险的措施。

（4）风险评估内容主要包含商务及合同风险评估和工程管理风险评估。

商务及合同风险评估的内容：建设单位的背景、产权背景、资金、业主文化及合作精神、合同工期违约的社会影响、工程计量的风险、合同文本采用的风险、合同条文苛刻程度、履约保证金及质量保修金、设计责任风险、指定分包分供商管理风险、工程变更风险、不可索赔风险、被指定分包分供商索赔风险、结算风险、其他风险等。

工程管理风险评估的内容：管理人员资质、质量安全环境、总工期合理性、节点工期、所需特别技术、施工现场及临时设施、施工周边环境、项目验收时环境影响程度、现有地下设施、斜坡土壤堤坝、特殊建筑材料订货及规格、运输及场外制作、施工图纸、成品保护、业主对修补工作的要求以及其他可能出现的风险。

3. 成本测算

（1）企业在投标前应核对工程量清单，根据招标文件、市场调查、现场调查、主要施工技术方案等分析项目建造成本，进行成本测算。

（2）企业应将项目战略定位及成本测算作为投标报价的决策依据，并对项目成本管控提供相应参考。

4. 资金分析

（1）企业在投标前根据招（议）标文件中有关保证金、预付款、工程款、保修款等规定及工程成本与进度安排，分析项目资金流量，形成报告，作为投标、合同谈判及项目实施的依据。

（2）分析发现项目某阶段出现现金流为负时，企业应制定相应的资金平衡保障措施。

5. 投标总结

（1）项目开标后，企业收集汇总开标信息，分析总结项目投标情况。无论中标与否均应进行总结分析，形成项目投标总结资料，建立并完善投标信息数据库。

（2）项目中标后，投标管理部门应向相关部门及项目部进行投标交底，移交相关资料。

（3）项目未中标，则项目终止。

2.3.2 项目经理在投标阶段的任务

（1）参与项目调查。

（2）参与风险分析。

（3）参与成本测算。

（4）参与合同和技术协议谈判。

（5）项目中标后，组织项目部有关人员编制《项目部实施计划》。

3 准 备 工 作

3.1 项目部组织建立及相关工作

3.1.1 项目部人员配置及任命

1. 项目部人员配置标准

（1）项目启动后，企业在项目策划时，应综合考虑项目的战略定位，并按中标后确保人员能够就位的原则，拟定项目经理、项目主要管理人员及数量。拟任项目经理及项目主要人员由企业人力资源部门与项目管理部门及其他相关部门共同会商提出，经企业主要负责人批准后确定。

项目中标后，由企业组建项目部，任命项目班子成员。如需要更换项目经理及主要项目管理人员，应征求建设方的意见，并应符合相关法律法规和地方政府部门的相关规定。

企业在确定项目部其他管理人员时应充分征求项目经理的意见，项目经理应在岗位设置、人员数量和素质要求等方面充分向企业表达自己的意见和建议，并尽可能和企业相关部门达成一致意见，为项目部的高效运行打下基础。

（2）项目人员配备基本原则：满足现场管理、符合成本控制、有利于企业人才培养。按实际情况在《项目策划》中确定新建项目部所需派遣人员的数量。在满足人员基本需要的情况下，岗位设置可"一专多能，一岗多责"，适当缩减编制。某公司项目部人员配置见表3-1。

项目部人员配置表 表3-1

项目级别	小型	小型	中型	中型	大型	大型	特大型
工程造价（亿元）	<0.5	0.5～1	1～2	2～3	3～5	5～10	≥10
建筑面积（万 m²）	<2	2～5	5～10	10～15	15～25	25～50	≥50
项目经理	1	1	1	1	1	1	
总工程师	1	1	1	1	1	1	
商务合约经理（兼法务经理）	1	1	1	1	1	1	
生产经理	1	1	1	1	1	按需要配置	
机电经理	0	1	1	1	1	按需要配置	
安全总监	1	1	1	1	1	1	
质量总监	1	1	1	1	1	1	
环境管理员	兼职	兼职	兼职	兼职	兼职	1（兼职）	1

项目级别	小型	小型	中型	中型	大型	大型	特大型
土建工程师	1	2	2	5	7		
机电工程师	1	1	2	3	4		
成本工程师	1	1	2	2	3		
合约工程师	0	1	1	1	1		
质量工程师	1	2	2	2	3		
安全工程师	1	1	2	3	3		
劳务管理员	兼职	兼职	兼职	兼职	兼职	视具体情况配置 分析策划后确定	
技术工程师	0	1	1	2	4		
测量工程师	0	0	1	1	2		
试验工程师	0	0	1	1	1		
资料工程师	1	1	1	1	1		
材料工程师	0	0	1	2	2		
机械工程师	兼职	兼职	兼职	1	1		
办公室主任	0	0	1	1	1		
办公室综合	0	0	0	0	1		
合计（人）	12	17	24	32	42	50 以上	

注：1. 项目规模以"建筑面积"或"工程造价"其中一项按就高不就低的原则划分类别。
  2. 表中为项目人数的上限标准。
  3. 对于特殊项目、建筑面积超 25 万 m² 的项目管理人员设置，需要配置根据实际情况经分析策划确定。
  4. 专业分包企业必须按《项目部人员配置表》标准配齐，对于基础管理薄弱的分包企业，配备人员的数量应适当增加。
  5. 项目合同额≥3 亿元无须设置项目法律顾问。
  6. 工程合同造价＜5 亿元，设置兼职环境管理员；5 亿元≤工程合同造价＜10 亿元，应设置专职环境管理员；工程合同造价≥10 亿元，必须至少设置一名专职环境管理员。

2. 项目班子成员及主要管理人员选拔任命流程

项目班子成员的任命和选拔可以由企业有关部门共同协商后确定人选，下发任命文件，成立项目部，也可以通过在公司内部进行竞聘选拔确定，竞聘选拔流程如下：

（1）中标后，企业工程管理部门提出项目部组建申请，人力资源部门在组建申请通过后，发布项目班子成员竞聘通知。竞聘的项目经理应编制《项目管理大纲》、项目经济效益测算分析书和实现项目管理目标的措施，连同项目经理承诺书一并报送人力资源部门。

（2）竞聘通知发布七天内，企业人力资源部门将申请参加竞聘人员进行汇总，由工程管理部门进行第一轮初选，确定最终参加竞聘选拔的人选。最终的公开竞聘工作由企业人力资源管理部门组织，企业相关部门参加。

（3）企业人力资源部门将项目班子成员竞聘面试和笔试进行汇总，根据面试、笔试及加分项的综合成绩，按"好中选优"的原则推荐项目经理及班子成员，每个竞聘岗位的前2～3名竞聘人作为候选人提交企业决策层进行决定。

（4）由企业下发项目经理、班子成员的聘任文件和项目部成立文件。

3.1.2　项目部部门设置与职责

1. 项目部部门设置的原则

（1）目的性原则

机构设置的根本目的，是为了实现施工项目管理的总目标。从这一目标出发，因目标设置业务分工，按业务分工设部门、定编制，按编制设岗位、定人员，以职责定制度、授权力。

（2）精干高效原则

部门设置以能实现施工项目所要求的工作任务为原则，简化机构，做到精干高效。从严控制项目管理人员，力求"一专多能，一人多职"，着眼于使用和学习锻炼相结合，以达到锻炼和提高项目管理人员的素质。

（3）管理跨度和分层统一的原则

管理跨度亦称管理幅度，是指一个主管人员直接管理的下属人员数量。跨度大，纵向的管理层数少，管理人员的接触关系增多，处理人与人间关系的数量随之增大，其信息的沟通比较迅速准确，但对下级的控制、监督相对复杂。反之，对下属可严密监督、控制，但指令或信息沟通的渠道长，信息失真大，沟通和协调比较困难。

（4）业务系统化管理原则

施工项目是一个开放的系统，由众多子系统组成一个大系统，各子系统之间，子系统内部各单位工程之间，不同组织、工种、工序之间存在大量结合部。在设立组织机构时以业务工作系统化原则作指导，考虑层间关系，分层与跨度的关系，部门划分、授权范围、人员配备等，使组织机构成为一个严密、封闭的组织系统，能够为完成项目管理总目标而实行合理分工及协作。

（5）弹性和流动性原则

工程建设项目的单件性、阶段性、露天性和流动性是施工项目生产活动的主要特点，会带来生产对象数量、质量和地点的变化以及资源配置的品种和数量的变化。适时调整人员及部门设置，以适应工程任务变动对管理机构流动性的要求。

（6）项目组织与企业组织一体化原则

项目组织是企业组织的有机组成部分，企业是它的母体，归根结底，项目组织是由企业组建的，应经企业批准后实施。

2. 典型项目组织机构

典型项目组织结构，如图 3-1 所示。

3.1.3　人员分工与岗位职责

项目人员分工与岗位职责可参考表 3-2 执行，针对具体项目可进行适当调整。

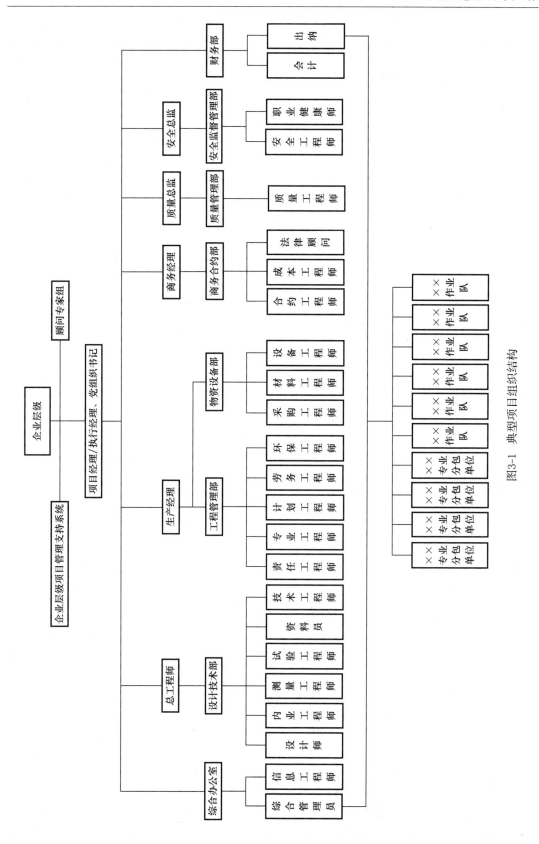

图3-1 典型项目组织结构

项目部岗位设置表 表 3-2

序号	部门	岗位名称	主要职责
1		项目经理（项目执行经理）	全面负责
2		项目党组织书记	党群工作
3		生产经理	生产组织
4		项目总工程师	设计技术
5		商务经理	合约成本
6		质量总监	质量监督
7		安全总监	安全环保
8	综合办公室	负责人	部门负责
9		信息管理工程师	信息管理
10		综合管理员	公共关系、后勤保卫等
11	工程管理部	部门负责人	部门负责
12		计划工程师	计划统计管理
13		劳务管理工程师	现场劳务管理
14		环保工程师	环保管理
15		各专业、责任工程师	土建、钢结构、机电、装饰等管理
16	设计技术部	部门负责人	部门负责
17		设计师	设计管理
		技术工程师	技术管理
18		内业技术工程师	内业技术，计量器具管理
19		测量工程师	测量
20		试验工程师	检验与试验
21		资料员	工程资料
22	商务合约部	部门负责人	部门负责
23		合约工程师	合同管理
24		成本工程师	成本管理
25		项目法律顾问	法律事务
26	物资设备部	部门负责人	部门负责
27		采购工程师	物资采购
28		材料工程师	验收、计量、仓储
29		设备工程师	设备管理
30	质量管理部	部门负责人	部门负责
31		质量工程师	质量检验
32	安全生产监督管理部	部门负责人	部门负责
33		安全工程师	安全监督
34		应急及职业健康工程师	应急及职业健康管理
35	财务部	会计	会计工作
36		出纳	出纳工作

说明：

1. 企业根据有关规定及项目实际情况确定项目领导班子成员
2. 部门负责人可根据实际情况由项目领导班子成员兼任
3. 企业可根据工区、片区或工段设置承担现场施工综合管理职能的责任工程师（工区长或工区经理、片区长或片区经理、工段长或工段经理）

3.1.4 企业对项目部授权

1. 项目管理权力体系

项目管理权力体系，即施工企业集权程度及对项目经理的授权与约束关系。授权过小，项目经理难以获取需要的资源，难以完成所担负的项目管理责任，且易导致其缺乏积极性、主动性和创造性；授权过大，企业难以实施对项目的有效监控，企业应当行使的权力不能有效实施，管理意图难以贯彻，很可能导致项目管理处于失控状态，影响企业利益。

2. 企业对项目部授权原则

（1）逐级授权原则。授权者一般是对其下属按级别逐层授权，只有特殊情况下才可越级授权。

（2）权责一致原则。所授权限应与其所负责任统一。

（3）授权适当原则。授权的范围、内容、人选、方式、期限、工作量等要符合有关法律、政策的规定。

（4）授权有限原则。授权者不可将自身不具有的职权或应当自己掌握的重大职权授予下级。

（5）授权监督原则。授权者对被授权者在执行授权事务时进行监督，如被授权者违反授权范围，触犯法律、法规时，授权者有权纠正。

3. 一般企业业务主管部门对项目管理授权范围

（1）市场营销部门主管施工合同招投标有关业务的授权。

（2）商务合约部门主管施工总承包合同、分包合同、物资设备采购及租赁合同签订及履行有关业务的授权。

（3）财务资金部门主管融资、担保、资金支付、税务、保险等有关业务的授权。

（4）综合办公室主管机构设立与注销，项目印章使用及管理等有关业务的授权。

（5）人力资源部门主管项目人员招聘、劳动合同签订及履行有关业务的授权。

（6）工程管理部负责施工合同（含分包合同）履行有关业务的授权。

（7）咨询、代理、评估等服务类合同履行由发生业务的管理部门进行授权。

4. 项目经理应具有权限

（1）参与企业组织进行的投标和合同谈判。

（2）在授权范围内与业主及其他有关单位进行业务洽商，并签署有关文件。

（3）主持项目经理部的全面工作，组织和管理项目施工生产活动。

（4）在授权范围内对项目经理部的人、财、物、技术等资源进行组合与管理。

（5）接受培训与教育。

（6）获得相应的劳动报酬。

（7）法律、法规和企业规定的其他权限。

5. 项目部应获得的授权

项目中标后，企业成立项目经理部，同时企业应根据合同、企业的管理制度、法律法规等对项目进行授权，进一步明确项目部的管理权限，主要应包括以下几方面：

（1）项目进行市场营销和二次经营的区域、范围、额度等。

（2）项目部物资采购的范围、额度。

（3）项目部机械设备、周转料具租赁的范围、额度。

（4）项目部人员招聘的范围和权限。

（5）项目部分包采购的范围和权限。

（6）项目部资金使用的额度和权限。

（7）项目部分包、分供支付的权限。

企业对项目的授权可以采用多种方式，可以体现在项目策划书、项目目标责任书等文件中，也可以针对某一项业务进行专门的书面授权。在项目实施过程中，若有需要企业授权事项，应按企业授权管理的相关规定执行。

3.1.5　企业对项目部进行投标交底

项目开标后，企业收集汇总开标信息，分析总结项目投标情况。无论中标与否均应进行总结分析，形成项目投标总结文件，建立并完善投标信息数据库。项目中标后，企业投标管理部门应向相关部门及项目部进行投标交底，移交相关资料。

投标交底的依据包括发包人的资信情况、招标文件及答疑、现场踏勘记录、投标文件等。投标交底的主要内容有：

（1）发包人的资信状况、承接工程的出发点、项目背景情况。

（2）商务报价情况：采用的投标策略，以及投标报价时分析、预计的主要盈亏点，计价规则和采用的定额，报价中人工费、主要材料费、机械设备费的询价、对比情况，工程量差异情况，其他费用的计取情况，让利情况等。

（3）不平衡报价策略中不平衡报价的项目。

（4）主要技术措施及其费用。

（5）合同的主要条款。包括质量及工期约定、工程价款的结算与支付、材料设备供应、变更与调整、违约责任、总分包分供责任划分、履约担保的提供与解除、合同文件隐含的风险以及履约过程中应重点关注的其他事项等。

（6）投标过程中承诺的其他相关事宜。

项目部的项目经理、副经理、技术负责人总工程师、商务负责人等项目部班子成员及技术和商务专业人员应参加投标交底会并做好记录。交底应形成书面交底记录，即投标交底书，参加交底会的人员在交底书上签字确认，投标交底书一式两份，企业投标管理部门和项目部各存一份。

3.1.6　项目经理第一次组织项目全体成员会议

项目部组建后，项目经理应尽快组织项目管理人员召开第一次会议。会议的目的是让项目管理团队对该项目的整体情况和各自的工作职责有一个清晰的认识和了解，明确近期工作目标和任务，使项目管理团队在最短的时间内展开工作并有效运行，为项目的顺利开展做好前期工作。

第一次项目会议内容应包括：

（1）项目全体成员依次作自我介绍。

（2）项目经理介绍项目具体情况以及简要概述管理目标和管理理念。

（3）明确各业务部门、各业务岗位工作职责与分工。

（4）明确项目相关要求以及纪律。

（5）近期工作的安排与计划。

（6）项目答疑和交流。

项目会议完毕后及时整理成会议纪要发放存档，做好资料留存工作。

3.2 工程项目实施计划

3.2.1 工程项目实施计划的内容

《项目部实施计划》是明确项目部各阶段的工作内容、资源需求、管理行为、风险防控等实施的计划性文件。主要内容如下：

1. 项目调查

在项目进场、开工前，项目部组织人员对项目周边人文、社会、经济、地理环境以及现场条件进行综合调查，形成施工现场情况调查记录，记录包括图表、分析说明、照片或卫星图片等影像资料。

2. 项目组织机构及岗位设置

根据项目特点，明确项目部组织机构、项目部主要管理人员，编制项目组织机构框图和项目管理人员一览表。

3. 合同管理计划

根据工程合同，进行合同责任分解，明确责任人，形成合同责任分解表。

《建设工程施工合同（示范文本）》GF—2013—0201 可以按表 3-3 分解：

项目合同责任分解表（部分）   表 3-3

项目名称		合同名称、编号		
序号	合同条款	分解内容	责任人	配合人
2	**发包人**			
2.2	发包人对发包人代表的授权范围			
2.4	施工现场、施工条件和基础资料的提供			
2.5	资金来源证明及支付担保			
3	**承包人**			
3.1	承包人的一般义务			
3.2	项目经理			
3.3	承包人员			
3.5	禁止分包的工程			
3.6	工程照管与成品、半成品保护			
3.7	承包人提供履约担保的形式、金额及期限			
4	**监理人**			
4.4	在发包人和承包人不能通过协商达成一致意见时，发包人授权监理人对以下事项进行确定			
5	**工程质量**			

项目名称			合同名称、编号	
序号	合同条款	分解内容	责任人	配合人
5.1	特殊质量标准和要求 关于工程奖项的约定			
5.3	隐蔽工程检查			
...	...			

4. 资金管理计划

根据工程合同、《项目策划书》、《项目部责任书》等内容,对项目资金管理、税务管理等内容进行计划。具体应包括工程款收(付)计划、项目现金流分析、工程担保(保险)管理计划、工程保证金管理计划、税收管理计划。

5. 设计管理计划

包括项目设计和项目深化设计的管理计划。设计计划具体应包括设计依据和范围、设计原则与要求、标准和规范及技术经济要求、设计验收准则与标准、设计过程以及进度安排和主要控制点、设计质量保证措施、设计与采购、施工及试运行的接口要求、委托设计安排与措施、设计配合安排与信息管理、职业健康安全与环境保护、资源与费用、任务分工与责任、风险评估与应对等内容,可结合项目实际情况确定具体内容。

6. 技术管理计划

根据项目特点对项目技术管理工作进行计划,明确项目主要技术方案编制计划、项目新技术开发或应用计划、标准、规范、规程、图集配备计划、技术交底计划、项目技术复核计划、工程技术资料管理计划、计量器具配备计划。

7. 物资及施工设备管理计划

依据《项目策划书》等要求,明确项目主要物资(设备)需求计划、采购(租赁)计划、现场日常管理等内容及责任人。

8. 分包管理计划

依据《项目策划书》,编制工程分包计划表,明确工程分包的项目、范围、分包方式、工程量(造价)、计划招标完成时间、计划开工及完工时间等,并进一步明确分包进场、使用、退场、结算等管理事项。

9. 工期管理计划

依据《项目策划书》、《施工组织设计》、合同文件等内容对施工生产各计划进行部署。具体包括施工准备计划、劳动力投入计划、项目总平面布置计划、项目进度计划、现场垂直运输管理计划、项目分包商工作计划。

10. 成本管理计划

项目部按《项目策划书》、《项目部责任书》等内容对工程成本管控情况进行计划。包括项目成本盈亏测算计划(包含项目盈亏预测变化分析、工程成本预测表、工程合同造价明细表、主要变更索赔明细表、分包分供商索赔表、工程材料支出预测明细表、机械费支出预测明细表、项目其他直接费用支出预测明细表、项目管理费及税金支出预测明细表、工程收款计划表、工程分包分供支出预测明细表)、项目成本控制及措施计划、项目成本还原及指标分析计划。

11. 质量管理计划

依据工程特点及《项目策划书》等要求，对物资（设备）质量管理、工程检验批及验收、工艺试验及现场检（试）验、特殊过程关键部位控制及监测、质量通病防治、样板引路和成品保护、质量创优等内容进行计划。在质量管理计划中要有质量目标、质量保证体系、责任目标分解等。

12. 安全与职业健康管理计划

对本工程安全生产费用投入、重大危险源辨识、消防、应急预案等职业健康安全事项进行计划。包括工程项目安全生产费用投入计划、项目重大危险源识别、项目安全培训计划、项目安全专项方案控制计划、项目需专家论证安全专项方案控制计划、项目安全验收计划、项目安全防护用品配备计划、项目应急预案编制计划、项目消防工作实施计划、项目重点部位消防器材配备计划、项目安全防护实施计划。

13. 环境管理、节能减排计划

对工程环境因素评估及环保、节能减排等管理活动进行计划。包括环境因素评估及环保管理计划、项目节能减排计划。

14. 廉政实施计划

对项目廉政工作进行管理策划。

15. CI 实施计划

依据《项目策划书》及现场实际条件，编制项目 CI 管理计划等内容。

16. 危机公关实施计划

对项目重大突发（危机）事件预案进行策划。

17. 收尾管理计划

编制工程收尾阶段工作计划。包括项目部收尾工作计划、项目部管理资料归档计划、项目部管理总结计划。

18. 信息与沟通管理计划

项目部根据实施过程中，将与企业部门、项目内部、建设、监理、设计、地方政府部门等单位发生的信息进行识别，编制管理计划。

19. 综合事务管理计划

依据《项目策划书》及现场实际条件，编制项目临时办公室及人员宿舍设置、项目党群工作计划、保安管理实施计划、重要活动管理计划。项目部综合事务管理计划主要包括临建设施配置及管理计划、CI 设施配置及管理计划、办公设备及用品配置及管理计划、生活设备及用品管理计划、安保人员配置及管理计划、项目部重大活动管理计划、项目法律事务管理计划、项目党群工作管理计划。

20. 其他实施计划

除上述内容以外的其他实施计划。

3.2.2 实施计划编制任务分工

项目部组建后，并于开工前，由项目经理依据《项目策划书》、项目部与公司签订的《项目部责任书》中的有关内容，编制《项目部实施计划编制任务表》，见表 3-4，明确各计划编制部门及人员、编制完成期限等内容。

项目实施计划编制任务表　　　　　　　　　　　　　表 3-4

序号	计划名称	责任部门/人员	编制完成期限
1	项目调查	工程管理部	
2	组织机构及岗位设置	综合办公室	
3	合同管理计划	商务合约部	
4	资金管理计划	财务部	
5	设计管理计划	设计技术部	
6	技术管理计划	设计技术部	
7	物资及施工设备管理计划	物资设备部	
8	分包管理计划	商务合约部	
9	工期管理计划	工程管理部	
10	成本管理计划	商务合约部	
11	质量管理计划	质量管理部	
12	安全与职业健康管理计划	安全监督管理部	
13	环境管理、节能减排计划	工程管理部	
14	廉政实施计划	综合办公室	
15	CI实施计划	综合办公室	
16	危机公关实施计划	综合办公室	
17	收尾管理计划	工程管理部	
18	信息与沟通管理计划	综合办公室	
19	综合事务管理计划	综合办公室	
20	其他实施计划		

3.2.3 实施计划的编制和实施要求

项目经理应在项目策划书的框架下，满足工程合同的要求，依据项目部责任书，在工程开工前完成项目部实施计划的编制，经企业相关部门和主管领导批准后实施。

项目部实施计划应具有可操作性，并明确项目部相关部门和人员的任务及要求，是企业对项目部进行指导、服务及过程管控、监督的依据。

项目实施过程中，项目部应严格按照项目部实施计划执行，协调和优化资源配置，控制项目质量、安全、环保、工期、成本、现金流等，确保顺利履约和廉政建设。

项目部应对项目实施计划及时进行分项评审、适时修改完善，保持计划的时效性。项目实施计划有重大调整时，必须报企业进行审批。

3.3 工程项目现场准备

3.3.1 项目施工现场情况调查

现场踏勘：结合地质勘察报告，了解场区内地质、水文、地下及地上管线及障碍物情况；了解水电、通信、场地平整、场地标高、红线与建筑物之间距离等情况；了解周边交通及周围居民等环境影响，留下影像资料。

当地主要材料供应情况：了解工程所在地钢材、混凝土、木材等主材供应是否满足生产需求，并了解工程所在地材料价格及造价信息。

劳动力价格及供应情况：调查工程所在地劳动力价格及供应情况，与合同价格进行比较，合理规避风险，为成本节约打好基础，为保证工期合理组织劳动力，如当地的劳动力供给不能满足施工的需要，须提前采取措施。

气候：提前掌握工程所在地雨、雪、台风等气象信息，在制定方案时采取合理、有效措施进行提前预防。

民风、民俗：了解当地社会、生活习俗，地方节假日等大型活动日期，施工过程中尊重当地的习俗，为项目施工提供良好的环境。

填写《项目施工现场情况调查表》，见表 3-5。

项目施工现场情况调查表　　　　　　　　　　　　表 3-5

项目名称					
项目地址					
现场条件	拆迁情况		场地平整		
	通水情况		通电情况		
	道路情况		污水排放		
	主要桥梁		是否扰民		
	地质条件		周边社区		
	周边环境		政府机构		
	施工材料		当地劳务		
现场情况及周边环境简图					
施工现场总体评价					
现场施工时可能遭遇的疑难问题					
制表		审核		批准	
日期		日期		日期	

3.3.2 临时设施规划和建设

在工程项目中标后，项目经理就应根据项目策划书的相关内容和现场调查记录等文件的要求，组织人员编制项目临时设施方案或规划，绘制施工总平面布置图，对施工的生产、生活设施以及水平、垂直运输进行总体规划。临时设施方案或规划经企业批准后，应立即着手建设，临时设施的建设进度应能满足现场管理、生产、生活的需要。

临时设施的建设，应本着安全、绿色、高效的原则进行，应符合国家安全、行业技术标准、规范的要求。其建设规模应进行科学合理的设计，对于大型工程应进行远期规划，避免浪费和重复建设。

临时设施的 CI 设计应符合企业的 CI 管理要求，同时应满足当地政府和业主的要求。

在工程正式开工前完成施工现场的全场性前期准备工作，施工现场应规划建设包括以下主要内容：

（1）临时给水排水

临时给水应综合考虑生产、生活、消防等方面的因素，计算用水量，确定给水干管和支管的管径，必要时应编制临时给排水方案。

临时排水应综合考虑生产、生活、雨水的排放，对可再利用的废水应有回收处理措施。

（2）临时供电

应综合考虑生产、生活等方面的因素，计算用电量，确定变压器容量、供电线路总干线、各路支线的电缆截面，并编制现场临时用电方案。

（3）临时供热

根据工程实际情况确定生产区、生活区供热方式、设备及管线敷设。

（4）临时生产设施、生活设施。

1）生产设施包括混凝土、砂浆搅拌站，各种材料、构件堆（存）放场地，各加工作业场地，施工机械停放、存放场地，施工道路等。

2）生活设施包括现场办公室、宿舍、食堂、浴室、门卫、厕所等，要求明确生活设施的搭设及构造形式、占地面积、建筑面积、层数等。

填写《项目部临时设施计划表》，见表 3-6。

项目部临时设施计划表　　　　　　　　　　　　　　　　　表 3-6

项目名称						
项目地址						
现场临建设施平面布置						
活动板式房标准（办公区）	标准化板式房□；普通活动板式房□；其他□			来源	新建□；划拨□；其他□	
箱式房标准（生活区）	标准化箱式房□；普通箱式房□；其他□			来源	新建□；划拨□；其他□	
其他临时设施	标准化□；普通□；			来源	新购□；划拨□；其他□	
部署内容	布置位置	占地面积	计划开始时间	计划拆除时间	主要做法	备注
办公区						
生活区						
库房、标养室等临舍						
钢筋加工区						
木工加工区						
水电加工区						
材料堆放区						
围墙、大门						
道路						
…						
编制		审核		批准		
日期		日期		日期		

3.4 施工技术准备

3.4.1 施工技术准备的内容

（1）相关技术资料的收集、整理

项目经理在接到任命后就应对如下资料收集并整理，如果项目资料员已经任命，就由项目资料员完成相关资料的收集工作，并应及时登记、编号，做好收发文记录。

1）招投标过程资料：招投标文件、答疑记录、会议纪要、往来函件或邮件、投标询价资料及相关记录、投标交底记录、现场调查踏勘记录。

2）合同：施工总承包合同、已经签订的分包分供合同、租赁合同。

3）企业的相关制度、文件和针对本项目的策划书、责任书、授权书、任命文件等。

（2）施工图纸预审、会审

（3）国家或行业技术规范、标准，地方标准

（4）法律、法规、地方政府的相关规定

（5）测量坐标和基准点的交底、复测及验收

（6）编制施工组织设计和施工方案

3.4.2 施工技术准备的实施

1. 设计交底及图纸自审、会审

（1）收到施工图纸后，由项目总工程师组织项目管理人员、作业层骨干学习、了解建设意图、设计意图及质量和技术标准，明确工艺流程等。

（2）图纸会审前由项目总工程师组织项目管理人员参加图纸、设计文件预审，各管理人员按分工提出对图纸的疑问。预审后由项目总工程师汇总整理记录，形成图纸预审文件。

（3）图纸会审由建设单位组织，设计、监理、施工等单位参加。项目经理部项目经理、总工程师及其他参加图纸预审的人员参加图纸会审及设计交底。

（4）企业技术部门应参加"重、大、特、新"项目的图纸预审和图纸会审。

（5）图纸会审记录由建设单位、设计院、监理单位、施工单位等签字、盖章后执行。图纸会审记录表格应采用当地归档要求使用的表格。

（6）图纸会审记录由项目资料员负责保管和发放。应及时发至所有图纸持有人、部门及分包单位。项目总工程师应组织专业人员（含分包单位）进行书面交底。图纸会审记录原件由资料员负责保存，并做好文件的收发记录。

（7）图纸持有人应将图纸会审内容标注在图纸上，注明修改人、修改日期和依据的图纸会审记录编号及相应内容条款编号。

2. 技术标准、规范配备

（1）项目总工程师在项目开工前，制定满足施工所需的技术标准、规范配置计划，报请企业技术主管部门进行配置。项目总工程师统一领取后，由项目资料员负责技术标准及规范的发放、借阅、作废、回收管理。

（2）施工图纸、招标文件和施工合同要求使用的地方标准、规范，由项目部负责识别、收集，并上报企业技术管理部门备案。

（3）项目经理部建立本项目范围内适用的技术标准、规范清单目录，并定期发布。

（4）项目总工程师应组织项目管理人员学习项目采用的所有技术标准、规范，并形成记录。项目相关人员均应熟悉业务范围内的技术标准、规范要求。

3. 测量坐标和基准点交底、复测及验收

（1）项目总工程师、测量员在开工前应收集建筑场地的测量控制网资料、图纸等。项目测量人员根据施工组织设计要求，编制具体的测量方案，报项目总工程师审批，经甲方及监理批准后具体实施。

（2）项目部应根据测量方案配备测量装置，保存测量装置检定证书复印件。项目测量员准备好测量用标桩、标注用工具等。建（构）筑物的坐标、基准水准点的引测和工程定位测量由项目测量员实施。

（3）坐标点、基准水准点要经过建设单位、监理单位现场交底，明确具体位置、点号，并形成由各方签字的基准点交接记录，现场才能引用。在工程开工前，完成基准水准点的交接，由项目总工组织项目设计技术部和质量部参加。坐标、基准水准点必须是建设单位提供的，应有地方规划、测绘单位正式书面文件。

（4）工程定位测量应根据规划部门提供的规划验线图、施工总平面图、地下室平面图、基坑开槽平面图和施工首层平面图施测。测量人员应对施测过程进行记录，整理测量结果，形成工程定位放线记录，由项目总工程师审核签字认可后，报建设单位、监理单位审核签字。

（5）当对建设单位提供的水准点、坐标进行复核出现偏差时，应及时通知监理，联系建设单位负责解决。

（6）工程首次定位测量应在工程开工一周内完成，完成后应由当地政府规划部门进行验线，符合要求后，方能进入下道工序施工。

4. 施工组织设计及分部分项工程施工方案编制

（1）项目施工组织设计由项目负责人主持编制，应依据《建筑施工组织设计规范》GB/T 50502等规定编制，并应在开工前完成。施工组织设计按国家、地方和企业规定的程序审批后执行。

（2）项目总工程师在项目开工前制定《项目主要技术方案编制计划》，见表3-7，明确方案编制人、完成时间并注明是否需要专家论证。

项目主要技术方案计划表 表3-7

序号	方案名称	编制人	完成时间	备注
编制		审核		批准	
日期		日期		日期	

（3）施工方案包括绿色施工技术方案、专项技术施工方案和专项安全施工方案。专项安全施工方案又分为一般性专项安全施工方案、危险性较大工程安全专项施工方案和超过一定规模的危险性较大工程安全施工方案。

（4）项目总工程师根据《项目主要技术方案编制计划》，组织施工方案编制，项目专业工程师以及有关人员参加编写。

（5）分包工程施工方案由分包单位自行编制并审核后，报总承包单位，按照要求进行审批后才可以组织施工。总承包方要统一收集齐全，以备监督和存档。

（6）施工方案必须同本工程实际施工情况相结合，要求具有针对性，并同时考虑经济性与适用性。施工方案的编制应符合国家、地方和行业有关的法律法规、技术标准、规范、规程及有关规定的要求。

（7）所有施工方案应经项目部评审，然后按照企业规定的程序进行审批。

（8）施工方案经审批后，由项目部下发，由方案编制人组织交底，并留有记录。施工方案作为施工管理资料同技术资料一同归档。

（9）工程开工前，项目部根据项目实际情况，填写《危险性较大的分部分项工程报告清单》。按国家、政府部门相关法律、法规、文件规定或行业相关技术标准、规范规定的危险性较大的分部分项工程，施工前必须编制专项方案，达到一定规模或明确规定需要进行专家论证的必须组织专家论证。

3.5 施工物资设备准备

3.5.1 施工物资准备的内容

材料、构（配）件、制品、机具和设备是保证施工顺利进行的物资基础，这些物资设备的准备工作必须在各项工程开工之前完成。根据各种物资的需要量计划，分别落实货源，安排运输和储备，使其满足连续施工的要求。需要准备的施工物资类别如下：

（1）建筑材料：建筑主要材料、构（配）件、周转材料、其他辅助材料、低值易耗品。

（2）施工机具。

（3）检验、测量和试验设备。

（4）工作服及劳保用品的准备。

（5）CI及环保节能用品。

（6）办公用品。

（7）交通工具。

施工物资需用计划由项目部各业务部门的专业工程师提出，汇总后形成项目各类施工物资的需用计划，经项目部审批后上报企业相关业务部门。

物资需用计划应根据施工图纸、施工组织设计、专项施工方案等进行编制，同时应根据工程量和相关施工预算定额进行计算。填写《物资需用计划表》，见表3-8。物资需用计划应包括：工程名称、单位和分部分项工程名称、物资名称、规格型号、计量单位、数量、要求进场的日期以及其他需要特别说明的事项，必要时可以附图。大型机械设备、周转性物资还应注明计划退场时间，建筑材料要合理考虑损耗率。对于需求量较大的材料，要说明分批进场的时间、数量。

物资需用计划表 表 3-8

工程名称					编号	
单位工程			分部工程		分项工程	
序号	名称	规格型号	单位	数量	进场日期	备注
1						
2						
3						
4						
…	…					
编制人		审核人		批准人		
日期		日期		日期		

3.5.2 施工物资准备的原则

项目部的物资需用计划经项目审批后要及时报送到企业的相关部门，企业的主管业务部门收到项目的物资需用计划后，应根据企业的相关制度、企业物资的库存和周转能力、工程实际情况进行决策，确定该类物资是以采购、租赁或企业内部调拨的方式提供给项目，或确定授权项目部负责解决，对项目部的授权可以是全部也可以是其中的部分。

根据企业的制度和授权，确定项目部和企业相关部门采购的权限，即确定哪些物资是由项目部负责采购。由企业集中采购的物资则按企业相关制度流程办理，项目部配合完成规定的相关工作；由项目部采购的物资，则应安排采购人员和商务人员进行询价或招标，按项目部物资采购的业务流程完成采购工作。

项目部采购、租赁的物资均应签订物资供应合同，明确双方的责任、义务和权利。

按照施工总平面图的要求，组织物资按计划时间进场，在指定地点，按规定方式进行分类储存或堆放。

3.5.3 施工物资的招标采购

1. 技术规格书编制

物资招标前，由项目技术部门的专业工程师编写材料、设备的技术规格书，项目总工程师审核批准后纳入招标文件，作为招标文件的重要技术支持部分。技术规格书是对特定产品在本工程中使用的特殊要求进行针对性的说明，如对产品的功能、外观、几何尺寸、标识、制造标准、检验试验、包装、运输、储存、提供的文件资料等方面的要求说明。

2. 采购招标

（1）物资（设备）采购方式

招标采购：对于采购金额数量较大、技术复杂且有较多可供选择供应商时，采用公开招标方式选择供应商。

邀请招标：采购金额数量较小、技术要求程度较低，需要供应商进行技术配合支持时，从公司合格供应商名单当中邀请至少三家参与投标的采购方式。

独家议标：独家议标采购原则上只适用于建设单位直接指定的供应商。在特殊情况下，市场上仅有一家供应商或直接确定一家供应商更有利于项目各方面目标的实现，可以采用独家议标的方式确定供应商。

零星物资采购：对于批量小、品种单一、价格低廉的物资，可以采用非招标形式采购。由项目部负责进行，从经销商或者供应商直接询价，经三家价格比对谈判后购买。

（2）招标文件

商务合约部负责编制招标文件，招标文件主要内容如下：

招标文件附表：包括工程名称、建设地点、招标范围、招标方式、报价方式、供货时间和质量要求、招投标文件发放、澄清和递交时间、投标文件份数以及招标联系人等。

招标文件总则：介绍工程概况、现场施工现状及具备条件；对招标工程的报价要求；报价范围及工作内容、物资名称、规格型号、数量清单、技术参数、结算方式、工期和质量要求、投标文件的组成；质量保修要求。

其他文件：有关投标书或报价书格式、技术规格书、评标办法等。

招标文件的领取：招标在入围的合格供应商中进行，领取招标文件时登记《招标文件领取表》。

（3）招标文件评审

商务合约部门编制好招标文件后，应按企业规定进行评审，评审通过后才能发放。

（4）投标单位资格审查

只有纳入企业合格分包分供商名录中的投标人方可参加，投标企业相关部门和项目部均可推荐供应商参与投标，投标单位不少于三家。如果参加供应商不是企业的合格供应商，则需要按照企业规定的程序进行考核评价，合格后列入企业合格供应商名录中。

企业或项目组织对分供商进行资格审核、现场考察，考察重点包括企业资质、生产及供应能力、生产工艺、质量管理、环境管理、职业健康安全管理、业绩、价格、售后服务、产品质量维护等情况。

（5）开标及投标文件评审

按企业的相关制度成立包括物资、成本、法律、技术、质量生产等部门负责人参加的招标小组，负责物资采购招标的开标、评标、比价、定标。

招标会议参与人员根据招标文件的评标办法，对投标人的报价、提供的服务、产品质量保证、执行标准、安全、技术水平等评标，招标负责人填写并保留《开标记录表》、《评标记录表》等文件。

根据评标情况，招标小组推荐1～3个投标人，按得分高低排列，报企业法人授权批准人决策后，确定中标单位。商务合约部门负责将评定结果列入《定标记录表》，并完成《预计成本盈亏分析表》的编制。

3. 签署供应合同

招标结束后，进行公示。在此期间商务合约部门和项目经理以及供应商在不违背招标文件和投标文件约定的基础上，对合同文本的主要条款进行谈判、协商，达成一致后签署物资采购供应合同。

3.6 分包队伍的选择和采购

3.6.1 分包队伍采购的原则和计划

1. 分包队伍采购的原则

（1）分包队伍应选用列入企业《合格分包商目录》中的分包商，如果采用《合格分包商目录》外的分包商，则应按照企业的规定进行考察、评价，合格者纳入到目录中才能使用。

企业或项目组织对分包商进行资格审核、现场考察，重点考察分包商是否具有一般纳税人资格，以及其施工技术、履约能力、质量管理、环境管理、安全及职业健康管理、综合管理能力、类似工程业绩情况等。

（2）分包商的选择不应只注重报价，还应根据分包工程规模、技术难度等情况进行选择。应优先选用服务态度好、质量可靠、管理严格、有类似工程业绩的队伍。

（3）分包队伍的数量和专业划分要合理，保证各分包队伍完成的实物工程量的责任鉴定清晰，工序接口界面清楚，避免相互推诿。数量上要满足施工进度的要求，同时也要满足作业面、施工管理的要求，以免造成组织混乱、窝工等责任不清、浪费的后果。

（4）对专业工程的分包模式要进行合理规划，选择按劳务分包、专业分包或扩大劳务分包的模式，必须经过科学策划，制定分包采购方案，既要符合工程的实际特点，也要满足相关的法律法规。

2. 分包队伍采购计划

分包队伍的采购计划或策划在企业进行项目策划时就应该对其进行管理策划。项目部成立后，项目应根据项目策划书的内容，结合项目实际情况进行进一步的策划，做出更加详细、完整的分包队伍采购计划，填写《分包队伍采购计划表》，见表3-9，项目部审核批准后报企业相关部门。

分包队伍采购计划表   表3-9

项目名称						
序号	分包项目	分包工作内容	暂估合同额（万元）	分包方式	分包选择方式	计划招标时间
1				□包工包料 □劳务 □包工及部分材料 □其他	□公司/分支机构选定 □业主选定 □项目选定 □业主指定我方签合同 □项目选择公司批准 □业主项目共同选定 □其他	
2				□包工包料 □劳务 □包工及部分材料 □其他	□公司/分支机构选定 □业主选定 □项目选定 □业主指定我方签合同 □项目选择公司批准 □业主项目共同选定 □其他	

项目名称						
序号	分包项目	分包工作内容	暂估合同额（万元）	分包方式	分包选择方式	计划招标时间
3				□包工包料 □劳务 □包工及部分材料 □其他	□公司/分支机构选定 □业主选定 □项目选定 □业主指定我方签合同 □项目选择公司批准 □业主项目共同选定 □其他	
4	…	…	…	…	…	…
编制 （商务合约部）		审核 （部门经理）			审批 （部门主管领导）	
日期		日期			日期	

3.6.2 分包队伍招标

1. 分包队伍采购的组织

分包队伍采购计划编制完成后，应先报送到企业的生产部门，进行审核批准后，由企业商务合约部负责组织招标采购，项目部要配合好相关工作。

2. 分包队伍的招标程序

招标工作的程序为：编制分包采购招标文件，分包招标文件审批的同时在企业合格分包商名册中选择参与投标的分包商名单，分包商投标报价、评标、定标，签订分包合同。

3.7 项目部的沟通协调

项目沟通是项目管理的一项重要工作。在项目实施过程中，项目经理是沟通和协调的中心和桥梁。项目中组织利益的冲突有时异常激烈，而项目经理必须使各方面协调一致、齐心协力地工作，这就越发突显出沟通的重要性。

万事开头难，项目开工之际，各种信息纷杂，千头万绪，项目部要面对外部和内部多重复杂关系，这些信息和关系必须有条不紊地处理好，否则会使项目的前期工作困难重重，甚至会影响到项目管理的成败。此时，沟通就是最为有效的工具。要做到有效沟通，项目部就要对施工准备阶段的内外部信息进行有效地识别、分类，据此制定项目部沟通计划。有效沟通应能排除障碍、解决矛盾、保证项目目标的顺利实现。沟通的内容也应根据施工项目运行的不同阶段中出现的主要矛盾进行动态调整。

沟通分为三类：一是内部关系，主要是企业内部（含项目经理部）的各种关系；二是近外层关系，指企业与发包人签有合同的单位间的关系；三是远外层关系，指与企业及项目管理有关但无合同约束的单位关系。

填写《项目部沟通计划表》，见表3-10。

<table>
<tr><td colspan="5">项目部沟通计划表   表 3-10</td></tr>
</table>

项目名称				
沟通内容		沟通时间/频次	沟通方式	责任部门/人
一、与企业的沟通				
1				
…				
二、与建设方的沟通				
1				
…				
三、与设计方的沟通				
1				
…				
四、与监理方的沟通				
1				
…				
五、与政府部门、行业管理机构的沟通				
1				
…				
六、与社区及公共服务部门的沟通				
1				
…				
七、与分包及劳务的沟通				
1				
…				
八、与供应商（或租赁商）的沟通				
1				
…				
九、与项目部内部的沟通				
1				
…				
…				
编制		审核		批准
日期		日期		日期

3.7.1 与相关方的信息沟通与协调

项目部进行近外层关系和远外层关系的沟通必须在企业法人的授权范围内实施。

1. 与发包人之间的关系沟通与协调

项目部与发包人之间的关系沟通与协调应贯穿于施工项目管理的全过程。沟通与协调的目的是搞好协作，沟通与协调的方法是执行合同，沟通与协调的重点是资金、质量和进度问题。

项目部在施工准备阶段应要求发包人按规定的时间履行合同约定的义务，保证工程顺利开工。项目部应在规定的时间内承担合同约定的义务，为工程顺利开工和开工后连续施工创造条件。

发包人代表项目的所有者，对项目具有特殊的权力，要取得项目的成功，必须获得发包人的支持。

（1）项目经理首先要理解总目标和发包人的意图，反复阅读合同或项目任务文件。对于未能参加项目决策过程的项目经理，必须了解项目构思的基础、起因及出发点，了解设计目标和决策背景，否则可能对目标及完成任务有不完整的甚至无效的理解，会给工作造成很大的困难。如果项目管理和实施状况与最高管理层或发包人的预期要求不同，发包人将会干预，改变现有管理状态。所以，项目经理必须着力研究发包人的意图及项目目标。

（2）让发包人一起投入到项目全过程，而不仅仅呈交其结果（竣工的工程）。尽管有预定的目标，但项目实施必须执行发包人的指令，使发包人满意。对于发包人代表是其他领域的专业人士的情况，项目经理在沟通中应采用的方法是：使其理解项目和项目实施的过程，减少非程序干预；做出决策时要考虑发包人的期望，了解发包人所面临的压力，以及发包人对项目关注的焦点；尊重发包人，随时向发包人报告情况；加强计划性和预见性，让发包人了解非程序干预的后果。

（3）发包人在委托项目管理任务后，应将项目前期策划和决策过程向项目经理做全面的说明和解释，并提供详细的资料。

（4）遇到发包人所属的其他部门或合资者各方同时来项目指导检查的情况，项目经理应耐心听取其意见并解释和说明，但不应令其直接指导实施和指挥项目组织成员，否则会有严重损害整个工程实施效果的危险。

（5）项目部协调与发包人之间关系的有效方法是执行合同。施工准备阶段和业主沟通与协调的内容是合同中约定双方在本阶段的责任和义务。主要包括：工程开工需要发包人提供的相关文件、需要发包人协调解决的事项、施工现场的提供和移交（包括工程现场和临时设施用地）、工程预付款、施工图纸发放和组织交底会审等。

2. 与监理方的沟通与协调

（1）项目部应及时向监理机构提供有关生产计划、施工组织设计、方案等技术文件，按《建设工程监理规范》的规定和施工合同的要求，接受监理单位的监督和管理，搞好协作配合。项目部应充分了解监理的工作性质、原则，尊重监理人员，对其工作积极配合，始终坚持双方目标一致的原则，并积极主动地工作。

（2）在合作过程中，项目部应注意现场签证工作，遇到设计变更、材料改变或特殊工艺以及隐蔽工程等情况时应及时得到监理人员的认可，并形成书面材料。与监理意见不一致时，双方应以进一步合作为前提，在相互理解、相互配合的原则下进行协商，项目部应尊重监理人员或监理机构的最后决定。

（3）在施工准备阶段，项目部应积极和监理单位进行对接，了解监理的方法、理念和对本项目的监理思路，介绍企业和项目部的基本情况以及为完成本项目的准备和工作思路。使双方加深了解，达成共识。在施工准备阶段，项目部应及时向监理单位提供施工组织设计、临时设施建设方案、人员资格证书等文件。

3. 与设计方的沟通与协调

项目部应在设计交底、图纸会审、设计洽商与变更、地基处理、隐蔽工程验收、交工验收等环节与设计单位密切配合，同时应接受发包人和监理工程师对双方的沟通与协调。

项目部应注重和设计单位的沟通，对设计中存在的问题应主动与设计单位磋商，积极支持设计单位的工作，同时也要争取设计单位的支持。在施工准备阶段，项目部在设计交底和图纸会审工作中，应与设计单位进行深层次的交流，准确把握设计意图、理解设计图纸，对设计与施工不吻合或设计中隐含问题应及时予以澄清和落实，对于一些争议性问题，应巧妙地利用发包人和监理工程师的职能，避免正面冲突。

4. 与物资供应商的沟通与协调

项目部与材料供应商应根据供应合同，充分利用招标制度、竞争机制和供求机制搞好协作配合。项目部应在项目实施计划的指导下，认真做好物资需求计划和市场调查，在确保物资质量和按期供应的前提下选择供应商。

在施工准备阶段，项目部与供应商的信息沟通与协调事项主要有：询价、资格审查、供应商考察、招标、签订供应合同、监造、准备进场的相关事项。

5. 与分包商关系的沟通与协调

项目部与分包商关系的沟通与协调应按分包合同执行，正确处理与分包商的技术关系、经济关系和项目进度、质量、安全、成本、环境等生产要素控制和现场管理中的协作关系。项目部还应对分包商的工作进行监督和支持。项目部应加强与分包商的沟通，及时了解分包商的情况，发现问题及时处理，并以平等的合作关系支持分包商的工作，同时加强监督力度，避免问题复杂化和扩大化。

在施工准备阶段和分包商沟通的主要事项有：分包商的考察；分包合同签订；分包商相关人员培训、交底、考试、体检；进场时间；首次进场人员数量；生活区建设等。

6. 与其他单位的沟通与协调

项目部与其他单位进行沟通与协调时，应加强计划性，并通过发包人或监理工程师进行沟通与协调。

（1）与政府建设行政主管部门

1）接受政府建设行政主管部门领导、审查，按规定处理好施工的一切手续，如注册、合同备案等。

2）在施工活动中，主动向政府建设行政主管部门请示汇报，取得支持与帮助。

3）在发生合同纠纷时，政府建设行政主管部门应给予调整或仲裁。

（2）与政府质量监督部门

1）及时办理建设工程质量监督通知单等手续。

2）接受质量监督部门对施工全过程的质量监督、检查，对所提出的质量问题及时改正。

3）按规定向质量监督部门提供有关质量文件和资料。

（3）与银行及保险等金融机构

1）遵守金融法规，办理开户及向银行借贷、委托、送审和申请，履行借贷合同。

2）以建设工程为标的向保险公司投保。

（4）与消防部门

1）施工现场有消防平面布置图，符合消防规范，在办理施工现场安全资格认可后方可施工。

2）随时接受消防部门对施工现场的检查，对存在问题及时改正。

3）相关产品进行送检。

4）竣工验收后还必须将有关文件报消防部门，进行消防验收，若存在问题，立即整改。

（5）与公安部门

1）进场后向当地派出所如实汇报工地性质、人员状况。为外来人员办理相关手续。

2）主动与公安部门配合，消除不安定因素和治安因素。

（6）与安全监察部门

1）按照规定办理安全资格认证、施工许可证、项目经理安全生产资格证。

2）施工中接受安全监督监察部门检查、指导，发现安全隐患及时整改、消除。

（7）与其他政府部门

1）交通管理部门办理车辆通行证。

2）城市管理部门办理街道临建审批手续。

3）市容管理部门办理相关垃圾处理手续。

4）环保部门办理噪声检测等手续。

5）税务管理部门办理税收缴纳相关手续。

6）质量技术监督部门办理特种设备安装告知手续。

7）绿化管理部门办理树木采伐手续。

8）占用城市公共绿地和道路两侧的绿化带，需经城市园林管理部门、城市规划管理部门、公安部门等同意。

9）如施工现场发现文物，则必须立即停止施工，告知文物管理部门处理。

3.7.2　与企业内部的沟通

项目部内部人际关系的沟通与协调应依靠各项规章制度，通过做好思想工作，加强教育培训，提高人员素质等方法实现。项目部与企业管理层的沟通与协调应依靠严格执行项目部责任书来实现。

1. 项目部内部的沟通与协调

项目经理所领导的项目部是项目组织的领导核心。通常，项目经理不直接控制资源和具体工作，而是通过项目部中的各业务部门的管理人员实施控制，这就使得项目经理和职能人员之间及各职能人员相互之间存在界限，需要沟通与协调。

（1）项目经理与技术专家的沟通

技术专家往往对基层的具体工作了解较少，通常注重技术方案的优化和数字指标，对技术往往过于乐观，而忽视其实际可行性。项目经理应积极引导，发挥技术人员的作用，同时注重综合全局考查方案实施的可行性。

（2）建立完善、实用的项目管理系统，明确划分各自的工作职责

许多项目经理对管理程序寄予很大的希望，认为只要建立科学的管理程序，要求全体

员工按程序工作，职责分明，就可以比较好地解决组织沟通问题。实践证明，这是不全面的，因为管理程序过细或过于依赖管理程序容易使组织僵化。项目具有特殊性，实际情况千变万化，项目管理工作很难定量评价，它的成就主要依靠管理者的能力、职业道德、工作热情和积极性，过于程序化容易造成组织效率低下、组织摩擦大、管理成本高、工期长。

（3）建立项目激励机制

由于项目的特点，项目经理更应注意从心理学、行为学的角度激励各个成员的积极性。

1）采用民主的工作作风，不独断专行。在项目部放权，让组织成员独立工作，充分发挥他们的积极性和创造性，使他们对工作有成就感。

2）改进工作关系，关心各个成员，礼貌待人。

3）公开、公平、公正地处理事务。

4）向企业提交的报告中，应包括对项目组织成员的评价和鉴定意见，项目结束时应对成绩显著的成员进行表彰。

（4）形成比较稳定的项目管理队伍

以项目作为经营对象的企业，应形成比较稳定的项目管理队伍。尽管项目是一次性的，但项目管理团队却相对稳定，各成员之间相互熟悉，彼此了解，可以大大减小组织摩擦。

（5）项目管理人员应"双重"忠诚

项目部是一个临时性的管理组织，特别在矩阵式组织中，项目成员在原职能部门保持其专业职位，可能同时为多项目提供管理服务。所以，应鼓励项目组织成员对项目和对职能部门均保持忠诚，这是项目成功的必要条件。

（6）考核评价工作

建立公平、公正的考评工作业绩的方法、标准，并定期客观、慎重地对成员进行业绩考评，排除其中偶然、不可控制和不可预见等因素。

2. 与企业管理层的沟通与协调

项目部与企业管理层关系的沟通与协调应依靠严格执行项目部责任书，在党务、行政和生产管理上，根据企业的相关制度来进行。项目部受企业有关职能部门的监督、指导，二者既是上下级行政关系，又是服务与监督的关系，即企业层次生产要素的调控体系要服务于项目层次生产要素的优化配置，同时项目生产要素的动态管理要服从于企业主管部门的宏观调控。

企业要对项目管理全过程进行必要的监督与调控，项目部要按照与企业签订的责任书，尽职尽责、全力以赴抓好项目的具体实施。在经济往来上，根据企业法人与项目签订的责任书，严格履行，建立双方平等的经济责任关系；在业务管理上，项目部作为企业内部项目的管理层，接受企业职能部门的业务指导和服务。项目部的所有统计报表，包括技术、质量、商务合约、财务等资料都要符合系统管理要求并及时按规定报送到企业主管部门。

主要业务关系如下：

（1）计划统计

项目管理的全过程、目标管理与经济活动，必须纳入计划管理。项目部每月按制度的规定向企业管理部门报送施工统计报表、施工进度计划、物资计划、成本核算报表等。

（2）财务核算

项目部作为企业内部的一个相对独立的核算单位，负责整个项目的财务收支和成本核算工作。整个工程施工过程中，不论项目部成员如何变动，其财务系统管理和成本核算责任不变。

（3）物资供应

企业未授权项目采购的工程项目所需物资，由项目部按单位工程用料计划报企业物资采购部门，由该部门负责完成加工、采购、供应、服务的相关管理工作。凡是供应到项目现场的各类物资必须在项目部调配下统一建立库房、统一保管、统一发放、统一加工，按规定结算。

（4）商务合约

企业商务合约部门负责完成项目目标成本测算，作为项目部的目标责任成本，项目部根据该责任成本进行分解，落实到项目部各业务部门的每个岗位上，确保责任成本的实现。在项目实施过程中，项目部应每月进行成本归集、分析、对比，查找成本盈亏的原因，总结经验、制定措施，并及时上报相关资料。

（5）质量、安全、行政管理及试验计量等工作，均应通过业务系统管理，实行从决策到实施，从检测控制到信息反馈全过程的监督、检查、考核、评价。

（6）项目部与企业内部的专业公司之间的关系，是总包与分包的关系，在公司沟通与协调下，通过合同明确总分包关系，各专业公司服从项目部的安排和调配，为项目部提供专业施工服务，并就工期、质量、服务等签订分包合同。

在施工准备阶段，项目经理和企业层沟通的重点工作是解决资源的提供和支持。因为资源的提供和支持是项目能否顺利实施的基础保证，将直接影响项目的实施进度和质量，并影响到项目总体目标的实现。主要包括如下内容：

（1）项目部管理人员：人员到位时间，人员的专业能力和业务能力，人员的工资和福利待遇等。

（2）项目责任书的签订：目标责任成本的确定，项目部的责任和义务，企业相关职能部门的责任和义务，对项目的考核和奖励的方式。

（3）技术支持：重大技术方案的确定和论证，新技术的开发和研究，高端技术人才的保障等。

（4）资源保证：资金，分包队伍确定，主要材料采购订货，临时设施建设的物资和人员，施工设备的采购或租赁，周转性物资的采购或租赁等。

（5）总包合同谈判的进度：谈判过程中项目经理应积极参与、积极推进。

（6）工程项目要求的特殊事项：发包商要求的特殊工种或管理人员的培训、考试、取证工作等。

3.8 施工进场

3.8.1 进场计划的制定

项目中标后，应根据项目策划书的要求，制定详细的项目进场计划书，填写《项目施工准备及进场计划表》，见表3-11，根据施工准备的需求，编制时间节点计划，将各项工作落实到各职能部门和项目部，保证施工准备工作有条不紊地推进，使项目部人员和物资能按计划进入现场。

项目施工准备及进场计划表　　　　　表 3-11

序号	需要完成的事项	负责部门	责任人	完成时间	备注
1	和业主的信息联系				
2	合同谈判及签订				
3	项目部成立				
4	项目部人员配置				
5	项目实施计划				
6	物资需用计划				
7	临时设施建设				
8	管理人员进入现场				
9	施工图纸领取				
10	施工图纸预审				
11	施工现场调查				
12	施工组织设计				
…	…				

3.8.2 进场条件

项目中标后需等待项目达到进场条件方可进场施工，理想的进场条件包括：

（1）建设工程规划许可证（包括附件）。

（2）建设工程开工审查表。

（3）建设工程施工许可证。

（4）规划部门签发的建筑红线验线通知书。

（5）在指定监督机构办理的具体监督业务手续。

（6）经建设行政主管部门审查批准的设计图纸及设计文件。

（7）建筑工程施工图审查备案证书。

（8）图纸会审纪要。

（9）施工承包合同（副本）。

（10）水准点、坐标点等原始资料。

（11）工程地质勘察报告、水文地质资料。

（12）建设单位驻工地代表授权书。

（13）建设单位与相关部门签订的协议书。

（14）现场达到"三通一平"，即：通水（市政自来水接口、污水排放出口）、通电（变压器、配电箱等）、通路（外部道路畅通、并能满足构件运输车等工程设备的进场）、场地拆迁完成并达到基本平整（含老基础破除、树木迁移）。

（15）完成前期拆迁和征地对周边居民的补偿。

（16）具体工期应以领取施工许可证后，业主方的开工报告或总监签发的开工令上的日期为准进行计算。

（17）业主方有特殊要求的，需先解决（如单独做样板区、提前开业节点、质量申报奖项要求、工期处罚、重点工程等）。

（18）当我方不含设计时，需要设计进行交底。

（19）无其他施工队占用我方场地。

3.8.3 进场的组织实施

1. 现场复查

（1）对设计图纸和定线数据进行必要的复查核对、纠正差错、补充漏缺，对于发现的重大错误、漏项，应提出详细资料，上报监理工程师、业主。

（2）对业主、监理现场交桩后的原始基准点、导线点的坐标值和基准标高的数据应进行妥善保管及仔细复核。复核的现场导线控制点与自然标高及时请监理、业主确认。

（3）复查现场的水、电、热力、燃气、通信、道路、场地、环境、障碍物、树木、文物等条件是否符合招标文件与投标文件所述。如与甲方提供图纸或资料不符，及时与监理和业主办理相关洽商文件。

2. 施工作业条件与后勤准备

（1）建立测量控制网点。按照总平面图要求布置测量点。设置永久性的坐标桩点及水准点、组成测量控制网。

（2）搞好"三通一平"（路通、电通、水通、平整场地）。修通场区主要运输干道；接通现场临时供配电线路；布置生产、生活供水管网和现场雨污水排水系统。按总平面确定的标高组织土方工程的挖填、找平工作等。

（3）修建大型临时设施，包括各种附属加工场、仓库、食堂、宿舍、厕所、办公室以及公用设施等。

（4）项目的行政管理工作准备，治安管理工作准备，办公和生活区临时工程管理准备，办公、生活后勤保障准备。

4 项 目 管 理

4.1 项目部人员的管理

4.1.1 管理原则

1. 坚持动态管理，优化配置的原则

（1）合理设置项目部机构定员，制订科学的岗位（职位）标准，覆盖项目施工全过程的管理职责。

（2）企业按实际情况确定项目部所需人员的数量。在满足人员基本需要的情况下，岗位设置时可"一专多能、一岗多责"，适当缩减编制。

（3）根据工程项目施工进度情况，及时调整项目部人力资源配置，及时选配适应工作岗位要求的人员到项目部工作。

2. 坚持以人为本的原则

严格按照项目部机构定员编制和岗位标准选配人员。根据企业需要建立健全人才激励机制，人事部门应当选配符合企业人才发展规划的人员，并为其提供发展空间，予以培养，以满足企业发展的需要。

3. 分工明确，职责清晰，业务全覆盖

4. 建立适度的管理跨度与管理层次，合理授权

4.1.2 项目经理自我剖析和管理

1. 施工企业项目经理的概念

项目经理应为合同当事人所确认的人选，经承包人授权后代表承包人负责履行合同，并按合同约定组织工程实施。项目经理必须取得发包人的认可，否则无权履行职责。

项目经理在项目管理中是最高的责任者、组织者，是项目决策的关键人物，在项目管理中处于核心地位。在组织结构中，项目经理是协调各方面关系，使之相互紧密配合、协作的桥梁和纽带，对项目管理目标的实现承担着第一责任，即承担合同责任、履行合同义务、执行合同条款、处理合同纠纷、受法律约束和保护。

项目经理对项目实施进行控制，是各种信息的集散中心。自下、自外而来的信息，通过多种渠道汇集到项目经理的手中。项目经理又通过指令、计划和办法，对下、对外发布信息，通过信息的集散达到控制项目实施的目的，使项目管理取得成功。

2. 项目经理履行的职责

（1）项目管理目标责任书规定的职责。

（2）主持编制项目管理实施计划，并对项目目标进行系统管理。

（3）对资源进行动态管理。

（4）建立各种专业管理体系，并组织实施。

（5）进行授权范围内的利益分配。

（6）收集工程资料，准备工程结算，参与工程竣工验收。

（7）接受审计，处理项目部解体后的善后工作。

（8）协助组织进行项目的检查、鉴定和评奖申报工作。

3. 项目经理应具有的权限

（1）参与项目招标、投标和合同签订。

（2）参与项目部的组建。

（3）主持项目部的工作。

（4）决定授权范围内的项目资金的投入和使用。

（5）制定内部计酬办法。

（6）参与选择并使用具有相应资质的分包人。

（7）参与选择物资供应单位。

（8）在授权范围内协调与项目有关的内、外部关系。

（9）法定代表人授予的其他权力。

4. 项目经理的任务

项目经理在工程项目管理中的任务可以概括为实现项目的总目标最优化，也就是有效地利用有限的资源，用尽可能少的费用、尽可能快的速度和最优的工程质量，建成工程项目，使其实现预定的功能。项目在不同阶段具有不同的阶段目标，阶段性目标要服从和受控于项目总目标，并影响总目标的实现，两者相互制约，又共同组成项目目标系统。管理者的任务就是在一定的约束条件下，有效地组织人力、物力、财力去逐一实现阶段目标，进而达到总目标。

工程项目有多种类型，不同项目管理的具体任务也是不相同的，但其任务的主要范围是相同的。在工程项目建设全过程的各个阶段，最少要进行五个方面的工作：

（1）组织建立工作

包括建立管理组织机构，制定工作制度，明确各方面的关系和责任，组织资金、材料和劳务供应等。

（2）合同管理工作

包括签订和履行工程项目总包合同、委托材料供应合同、施工分包合同与专业分包合同，以及合同文件的准备、合同谈判、修改、签订和合同执行过程中的管理等工作。

（3）进度控制工作

包括施工进度、材料设备供应以及满足各种需要的进度计划的编制、实施和检查，施工方案的制定与实施，以及施工、总分包各方面计划的协调，经常性地对计划进度与实际进度进行比较，并及时地调整计划直至最后工程竣工验收等。

（4）质量控制工作

包括提出各项工作的质量要求，对施工质量、材料和设备的质量监督、验收工作，以及处理质量问题。

(5) 费用控制及财务管理

包括编制预算、成本及费用计划，确定施工价款，对成本进行预测预控，进行成本核算，处理索赔事项和做出工程决算等。

以下五方面工作可以细化为如下四个环节：

(1) 确定目标

项目经理首先要在规定的总目标下，确定每一方面的目标和这方面工作各阶段的具体目标。如质量目标，要先确定工程质量的总目标，然后确定不同阶段质量的具体目标，如基础阶段、结构阶段、装修阶段等，每个阶段都要确定目标要求或要达到的质量标准。

(2) 制定方案和措施

明确目标之后，就要提出达到目标的多种方案，并对各种方案进行评审，分析其优劣，最后确定实现目标的最佳方案，在此基础上提出具体措施。

(3) 实施方案

明确责任，建立全面责任制，将选定的方案付诸实施。

(4) 跟踪检查

在确定目标、制定方案并付诸实施中，要经常进行跟踪检查，检查决策方案的执行情况。如果未被执行或执行的效果不理想，则应查明干扰因素来自何处，如果问题明确，则又回到确定目标上去，开始新的一轮循环。

5. 项目经理的角色定位与能力要求

项目经理是项目的负责人，他领导着项目组织的运转，在项目及项目管理过程中起着关键的作用，是决定项目成败的关键角色。项目经理对项目的计划、组织、实施负全部责任，对项目目标的实现负最终责任，是项目的一线最高管理者。公司法人通过项目经理的选拔、使用、考核等来间接管理一个项目。因此项目经理对项目的管理比部门经理和公司总经理更加系统全面。同时，由于项目涉及多种专业，组织管理要经常地、快速地做出决策，实现项目成员、项目执行过程和项目成果的管理，要求项目经理必须具备多种能力。主要包括如下几个方面：

(1) 领导能力

项目经理的领导能力是项目成功的重要前提之一，它要求项目经理对项目有明确的领导和指导，能迅速做出集体决策与个人决策，并能准确无误地传达信息。

(2) 冲突处理能力

各种纠纷、冲突和矛盾在项目管理中难以避免。当纠纷与冲突对项目管理功能产生危害时，会导致项目决策失误、进度延缓、项目搁浅，甚至彻底失败，所以项目经理应保持对冲突的敏感度，预测冲突可能产生的不同后果，同时降低和消除冲突对项目可能产生的严重危害。

(3) 建设项目团队的能力

建设项目团队是项目经理的主要责任之一，为打造一个高效运作的项目管理团队，项目经理应利用项目对团队成员进行训练和培养，创造一种不断学习的环境，鼓励成员在项目活动中自我发展、勇于创新，并努力减少他们对失败的恐惧，造就项目团队良好的协作氛围、相互信任的人际关系，从而建设一支有着不竭动力的高绩效的项目团队。

（4）解决问题的能力

项目经理应该有一个及时准确的信息传达系统，要在项目团队、承包商及客户之间进行开放而及时的信息沟通，从而及早发现项目存在的问题，并用设计成熟而成本低廉的解决方案解决问题，把问题可能对项目造成的影响或危害降到最低。

4.1.3 团队成员的管理

公司获得一个新工程后，会首先确定项目经理人选，再由项目经理来具体负责项目团队的组建工作。从近几年来看，项目团队人员的确定一般有两种模式：一是某完工项目人员整体成建制地分配到一个新项目，但这是一种理想化情况。二是部分老员工和部分新员工搭配，这种模式应该说将长期存在，并具有很大的代表性。

1. 项目组建之初

（1）项目经理首要工作

1）规划好项目的人力资源

首先，项目经理在组建或接手项目部的时候必须对项目人员搭配和既有人员的整合做好规划，以项目最终完工为起点，逆向梳理人员组建和配置情况。其次，还要做好分析人员个体差异的工作，以便工作时能有效组织项目部员工开展工作。通常来讲，工程项目中标后，公司主要对项目经理进行任命，而实际上项目管理工作的具体班底的组成需要项目经理来进行组建，根据项目的规模配置合理而又精干的项目班底是项目经理必须考虑的问题。而这个班底如何既能做到与公司、业主、监理进行良好地沟通和配合，又能把项目的实际工作有效地完成，这将考验项目经理的实际工作和沟通能力。

2）项目经理的人格魅力建立

具有人格魅力的项目经理会令员工对项目管理产生信心，因此项目经理要克服自己身上的不足之处，在员工面前展现自己积极的一面，并以身作则，充分展现自己的人格魅力，才能做到服众。

自信负责的工作态度，高尚的道德操守，牺牲奉献的工作精神才是一个项目经理的人格魅力，员工受到感召，才会积极采取项目经理所建议的行动步骤，才更有可能最大限度做好本职的工作。

3）行为准则和工作模式

项目部各级负责人及其所应承担的责任、项目部工作程序与方式、人员的职责、人员的分工与协作、项目部的规章与制度等，这些规划方式或模式必须在组建项目部之初就要确定下来，并严格执行。作为项目经理，不能在这些规划和方式未明确的情况下就开展工作，否则只会导致工作无章法可循，逐渐变为被动的局面，对项目前期预测效益的实现将大打折扣。

如果一个项目中的人员在工作上各行其是，项目的管理必将是一盘散沙。有的项目经理在组建项目之初，对该方面意识较为淡薄，在后来的项目管理中将处于被动的位置，导致浪费更多的精力来整顿。

（2）对新老员工的管理

1）对老员工的管理

项目经理精力有限，老员工在项目组建之初，就要发挥老员工的作用，主要是沿袭企业文化、发挥模范带头作用，从而影响新员工。如何发挥老员工的作用，可以从以下几个方面来进行：

集训。老员工来自不同的项目或部门，虽都在一个企业，但不同的项目部在一些行为准则和工作方式方法上也存在不同，通过集训，让老员工快速适应新项目的特点和模式，并且通过集训，对企业文化、规章制度等方面产生新的认识，从而促使老员工发挥带头作用。

在实际工作中带动新员工，树立带头作用。项目组建初期，工作千头万绪，新员工初来乍到，因不熟悉情况，工作可能无从下手。这时老员工就要带动新员工，不管是从工作风格还是工作模式上使新员工尽快适应工作。

让老员工融入新员工中，发现问题及时反馈。老员工应迅速与新员工打成一片，帮助企业及项目经理了解、稳定新员工，尽快让他们融入工作，发挥工作热情。新员工初来乍到，是极其敏感的，也是最不稳定的，有时会对工作产生较深的误会，这个时候，老员工要多引导，并把相关情况及时反馈给项目经理，便于项目经理及时对新员工进行疏导。

2）对新员工的管理

首先熟悉企业、熟悉项目。新员工刚到企业，通常最迫切希望的是了解企业及所在项目、企业发展前景、管理措施等。同时，也想知道所在项目的特点、组成人员、工作内容、流程及方法。这个时候，入职培训尤为重要。入职培训可实行两级培训，企业或片区负责企业简介、文化等宣讲；项目部负责项目模式、特点、各自工作内容等宣讲。

关注、关心、包容。项目经理要关注新员工的情况，关心其工作、生活，也要包容他们刚到一个陌生环境的一些举动。

明确职责。尽快明确新员工的职责，这个职责不是简单的工作内容的安排，应细化到涉及这个岗位的工作流程、所负责资料、关联部门等。让员工首先对自身工作产生一种认同，进而转变为对项目部以及企业的认同。

活动。项目部还可适当地安排活动，消除新员工入职不久所产生的陌生感和拘束感。例如会餐、谈心、文娱活动等，在这些活动中，尽量先安排新员工来表现自己，这在一定程度上就能很快拉近其与同事及项目部的关系。

把握好"宽"、"严"度。对新员工，为了让其更快适应新环境，可对其过错给予适当的宽容，但这一切都必须是在企业、项目部工作行为准则允许范围之内的，不能出现一味迁就的情况。

（3）员工分类培养

一个项目部的员工，有的员工愿意获得更大的发展空间与平台，也愿意拓展自己的领域；有的员工则考虑在自己所熟悉的岗位上做好工作。项目经理要在项目前期了解员工的想法，因人而异，进行辅导与帮助。

1）想获得更大发展平台的员工

部分员工希望通过参与项目获得较大提高，一是在管理上能更上一个台阶，希望通过项目进入管理层或融入管理模式中；二是在技术上能更上一个台阶。这类员工意愿表现很强烈，项目经理可以有意识地在他们做好本职工作的同时培养他们。这种培养也要根据员工个人潜力，不支持那些想法不切实际的员工。

2）在自己熟悉的岗位上做好工作的员工

例如一些喜欢现在工作模式和氛围的工长，或其他一些技术岗位，如测量、试验等员工。项目经理就应着重培养其业务能力的精专性。

2. 项目开工之初

项目开工之初，是真正开展工作之时，团队的运作将逐步走上正轨，项目经理一定要在这时定好方向，密切注意团队动向。

（1）借鉴、学习、参观类似项目

对于新项目，我们要学会借鉴，一是参考我们自己做过类似工程的经验和资料；二是学习其他单位类似工程的经验和资料。也可以组织项目员工到兄弟项目去参观、学习。对于项目经理而言，在这种借鉴学习的过程中，能发现自己以前管理中或别人项目中的不足，避免再出现类似情况，也能让项目员工，特别是新员工，能借此机会切身感受到兄弟项目的管理模式，同时激发项目员工的工作热情。

（2）"严"以支撑，"宽"以滋润

项目开工伊始就要让大家按照一种既定程序前进，严格、严密、严谨是该阶段必须强调的，与此同时，宽松的氛围也必不可少。

（3）人员规划、调度

项目开工之时，需要全体员工相互配合，配合过程中，会产生一系列问题。作为项目经理，要密切注意相关的情况，搜集相关信息，在团队出现不和谐情况之前进行调整。

保证整个团队良性地发展和运作，对于不适应团队的人员，应及时清理或调整岗位。如果不及时调整，随着工作的深入，产生的不良影响将被逐渐放大。

3. 项目过程中

随着项目持续进行，逐渐步入程序化的运作轨道，在这个时候，项目经理要抓好项目深度管理，学会激励和调动员工。同时，也要关注团队中不同的声音与不和谐的因素。

（1）防止"疲劳"心理

项目在持续过程中，部分员工由于每天从事大量的工作，会出现一种"疲劳"的心理，这种心理让员工感到怠惰和迷茫。出现这种心理前，项目经理要预先了解相关的常识，切忌将"疲劳"心理误以为员工没有努力工作。出现这种问题时，项目经理要从工作、生活上给予指导帮助，让员工学会自己从"疲劳"心理中尽快走出来。

（2）注意不稳定与不和谐因素

随着项目的进行，一些不稳定与不和谐因素开始出现：在员工之间，出现这些因素是正常的，引起这些因素的原因，可能是由于工作导致或是个人原因。项目经理在这些不稳定与不和谐的因素中要分情况介入，如果这种因素会影响到项目团队其他成员，那就必须及时介入，疏导这些不稳定与不和谐的因素，切忌堵塞言路。

（3）建立项目部有效的交流沟通渠道

项目经理要经常询问员工工作的执行情况与进度情况。一方面，根据执行中存在的具体问题及时调整原任务中不合理的要求；同时，对员工的生活也要给予关注与关心，及时了解掌握员工的思想情况，以便对其进行帮助。

同时，在项目内部，要求部门主管也要主动和员工进行交流，了解员工工作生活情况。在项目内部形成一个通畅的交流渠道。平时还可以举办一些活动，比如一起给员工庆祝生日等，增进员工之间、员工与项目领导之间的交流和沟通。

项目经理不仅要关注项目员工取得的成绩，更应该经常注意员工是否有不良表现。这不仅影响到目标和任务能否达成，而且不良的思想、行为、情绪具有的传染力，很容易形成团队的不良风气，使团队产生不良价值取向。相关主管领导看到有不良表现的员工，应主动与其交流，注重事实，而不是偏听偏信，轻易断言，妄下结论。对于遇到需要帮助的员工，应帮助员工解决困难；对于思想偏激的员工，应帮助员工了解事实真相，使其尽早恢复工作的热情。

（4）学会激励，及时肯定、赞扬或批评、制止项目员工相应的工作

如果项目经理对员工的成绩或过失未及时给予鲜明的态度，长此以往，员工对项目部的价值导向不明，就会逐渐与项目经理疏远，甚至对工作任务产生抵触情绪，严重的可能会直接影响到项目的实施。

其实肯定和赞扬作为一种低成本、有效的激励形式早已被多数的管理者广泛使用。经常与员工沟通，对他们做出的成绩、取得的成果提出肯定和表扬，将大大激发员工的工作热情。同时，对于员工的错误行为及时批评或制止，让全体项目员工看到项目团队所倡导的价值取向和工作取向，及时纠正自身的行为。

（5）要有主动培养下属和营造学习氛围的意识

作为项目经理，不但要管理好员工，更要有主动培养员工的意识，让员工在工作过程中得到进步。争取做到"干一个项目，培养一个团队"，让渴求进步的员工得到及时的指导，以备将来承担企业更大和更多的工作；让落后的员工得到改进，不断提高个人的工作能力和团队协作能力。

学习氛围的创造则是项目经理义不容辞的责任。建立日常学习机制，提供员工相互交流的机会，搭建技术、经验共享的平台，从而在项目组织成员中创造出学习的良好氛围。通过这些方式，可以极大提高员工工作的自主性和热情。让员工在工作中学习，又在学习中增强工作的热情。

4. 项目完工前后

（1）防止茫然心理及思想工作松懈

项目完工前后，项目部的员工可能会产生茫然的心理。原因是对项目结束后自身去向无从知晓，从而对工作产生影响，并在项目内部造成不良影响。

项目经理要会同企业人力部门或其他业务部门，研究对策，提早告知员工，稳定人心，安抚员工。

（2）储备人才，并把有发展潜力的人员向公司推荐。

完成项目的目的，除了获得相应的经济效益以外，还应该培养一部分人才，这样才能保证公司人才的持续发展。经过项目培养而成的人才，倘若流失，对公司而言也是一种潜在的损失。

在项目结束之前的一个时间段里，项目经理就要关注那些有发展潜力、着力培养的员工，将他们向企业人力资源部及企业领导进行推荐，推荐他们到适合其自身发展且能发挥其作用的岗位上。

（3）经验总结不能忽视

项目结束之后，团队除了要总结成果以外，还要总结团队的不足，即便成功的项目，也有自己的不完善的地方，把自己的优势、劣势都总结出来，以便为公司今后的项目作指导。有些团队往往忽视了对自身打造、人员管理的总结，没有形成书面的资料，这对于企业而言是很大的损失。百年企业，最终沉淀下来的是文化，而企业文化中的主要部分还是要归结为团队打造与人员管理。

5. 其他特殊情况

（1）停、待工期间的管理

停、待工期间，项目部要明确停、待工的时间，根据停、待工时间及时做出相应的应对措施。

如果停、待工时间长，可以把本项目部人员抽调到邻近项目，主动去支援邻近兄弟项目的建设。既可以避免消磨员工的工作热情，也可以使员工在兄弟项目中得到学习与锻炼。

如果停、待工时间短，项目人员可以利用这段时间进行以下工作：对公司文件、制度的再深入学习、消化；对前期工作的回顾、梳理，总结成功经验，归纳不足与问题，从而对今后工作起到指导作用；对员工进行培训，包括技术、管理上的内部培训工作。总之，可以利用这段时间把工作上升到新的高度。

（2）领导层临时更换项目的管理

由于种种原因，项目部的领导层发生了改变，一般存在两种情况：

自然更换：这种情况主要是原项目经理调任其他项目或担任其他岗位，属正常更换。对于这种情况，新到的项目经理一般能顺利完成交接，对项目部稳定不会产生太大的影响。新项目经理到任后，如果要改变原有的管理方式，最好在了解情况、保证平稳过渡的情况下进行，这样能最大限度地保证团队的稳定。

非自然更换：这种情况主要原因是前任项目经理由于非正常原因撤换，比如能力不足、团队打造失败、对外关系恶化等。新到任的项目经理应该快速稳定人心，及时调整原有项目人员，同时要及时掌握了解员工动向，务求迅速地让项目步入正轨。

6. 维护团队稳定的其他重要工作

项目部的人员能否出色地工作，能否坚守岗位，与项目经理的管理有直接关系，"把人留住"是第一要务，以下两个方面的因素不可忽视：

（1）环境

工程项目上工作辛苦，工作条件较为恶劣，如果无法将其工作、生活环境管理好，会让员工无心坚守岗位。

所以，项目经理要在环境方面投入一定的关注度，保持员工工作环境整洁，并为员工准备好必需的日常生活用品，保证饮食卫生质量，确保员工基本生活需求。

（2）情感、氛围

员工工作情绪不可忽视，项目经理要经常与员工沟通，关注员工情绪变化，适当安抚，从而使其工作更具动力。

同时，项目经理要营造良好的团队氛围，这种氛围不仅是工作氛围，还有生活氛围。要密切关注项目中不和谐的声音并及时消除。

总之，项目的成败取决于项目团队成员的工作积极性与团队协作能力，而项目经理作为团队的领导者与管理者，应将工作重心放在计划、组织、协调与控制上，凝聚人心，培养团队。

4.2　分包队伍的管理

4.2.1　管理依据、内容

1. 管理依据

（1）企业与分包商签订的工程分包合同。

（2）企业相关管理制度。

（3）国家和地方法律、法规及技术标准、规范要求。

2. 管理内容

分包商管理包含注册、选择、进场、过程管理、退场、结算及考核。分包商注册由企业工程管理部门集中管理，建立企业《合格分包商名册》。

（1）分包商注册管理

分包商注册包括资格申报、资格审核、现场考察、审核批准。

企业《合格分包商名册》以外的分包商拟在企业进行施工分包时，需提交申请办理注册，即填写《分包商登记表》，连同分包商相应的有效资质证件复印件加盖企业公章，报送至企业工程管理部门。企业组织相关部门及项目部现场考察分包商的资质、资信及现场管理等情况，经考察符合企业合格分包商的标准的，予以注册为企业合格分包商。

企业对分包商资格审核、现场考察，重点考察分包商是否具有一般纳税人资格，相关资质、资格证书原件，以及施工技术、生产履约能力、质量管理、环境管理、安全及职业健康管理、综合管理能力、类似工程业绩等情况。考察应形成报告。考察合格的分包商经企业审核批准后，录入企业合格分包商名录中。

（2）分包商选择

分包使用单位负责对拟选用分包商进行考察，报经企业工程管理部门审核，企业主管领导批准后才能选用。对大型工程分包或有特殊工艺施工要求的工程分包商的考察，由企业工程管理部门负责组织企业相关部门及项目部相关人员进行考察，企业工程管理部门负责做好考察记录和新增分包商考察审批工作。

考察合格的分包商经企业批准后，按照项目分包计划，进入项目工程分包的采购程序（招标或议标），其结果经企业负责人审核批准后，确定最终采购的分包单位和价格。

企业按程序评审分包合同，与分包商签订《分包合同》、《廉政责任书》、《安全生产责任书》。

（3）分包商考核评价

在分包商使用过程中，项目经理应每月组织项目部相关人员对项目使用的分包商进行考核评价，填写《分包综合评价表》并上报企业工程管理部门；每半年由企业工程管理部门根据各项目部每月对分包商考核评价结果及企业掌握的分包商信息，组织公司相关部门对公司使用分包商进行考核评价，根据考核评价最终结果发布企业《合格分包商名册》。

企业《合格分包商名册》每半年发布一次，并实行动态管理。对于已纳入企业《合格分包商名册》的分包商，满2年未在企业范围内承接工程将自行注销，如再承接工程则应重新注册及考察审批。对于在企业进行的《分包商综合评价》中评价为不合格的分包商，应责令其限期退场，并从企业合格分包商名册中注销。

对于使用过程中因不履行分包合同、不能保证工程质量和施工安全等要求而清退的分包商，项目部要及时上报企业工程管理部门，使其在企业合格分包商名册中注销。

施工过程中，项目部如发现分包商有不服从项目部管理、野蛮施工、恶意索赔、恶意讨薪及集体上访事件等不良行为，应及时予以处理，责令其限期退场，并填写《不良分包商名单》报企业工程管理部门，企业应及时将该分包商列入公司《不良分包商名单》予以通报，不再合作。

为了能与优秀分包商建立长期良好的合作关系，企业应每半年对分包商进行一次满意度调查，项目部负责对本项目使用的分包商进行满意度调查并及时收集《分包商满意度调查表》，项目部、企业及时收集、整理并分析分包商对企业的合理化建议或意见，及时改进并不断提高对分包商的管理质量。

（4）合格分包商的标准

1）分包企业资证齐全有效。合格分包商必须具备齐全有效的企业资证，包括：企业营业执照、企业资质证书、安全生产许可证、税务登记证、组织机构代码证、外地进驻企业备案通知书、分包交易服务卡等资证资料。

2）具备法人资格。合格分包商必须具备独立法人资格、承担民事责任的能力，自然人不能成为合格分包商。

3）社会信誉好。在当地建筑市场无违规和通报记录，注重合同履约和合作关系的建立和维系，无恶意损坏合作单位社会信誉和名誉行为。

4）技术能力强。技术配备能满足其资质等级要求，具备其资质许可范围内的业务承揽施工能力。

5）人员素质高。劳务队长、专业工种和特殊工种经过培训，并持有上岗证书。技术工人持证率满足当地政府部门的要求。

6）历史业绩良好。所施工的工程质量、工期、安全文明等目标实现较好，注重材料节约和环境保护。

7）自我管理水平高。组织纪律性强，内部监控约束机制健全，并能得到严格执行。

8）资金实力强、价格合理。具备一定的资金承受能力，报价合理。

（5）不良分包商的构成条件

1）在合作过程中不服从项目部管理，恶意扰乱项目正常管理。

2）履约能力差，在同一工程施工中同时有两项以上合同指标由于分包商自身原因不能完成。

3）存在拖欠工人工资、发生恶意讨薪及集体上访事件的行为，造成不良社会影响。

4）恶意索赔，唆使工人闹事。拒绝与工人签订劳动合同的行为。

5）野蛮施工，发生重大质量、安全或环境等事故或投诉。

6）存在与相关方串通损害项目部利益的行为。

7）企业、项目部对分包商进行定期考核不合格的。

4.2.2 进、退场管理

1. 分包商的进场

（1）分包商进场施工前办理进场手续，向企业提供履约保证。并提供劳务人员劳动合同、施工分包合同、交纳各种保证金单据、用工制度、工资分配制度、社保证明、分包工程施工方案等提交项目部备案。

（2）分包商进场时，项目部应根据分包合同约定对分包商入场资源（管理人员、作业人员、物资、设备、机具等）进行验证。提供人员花名册、身份证复印件、技能等级证书复印件、岗位证书复印件、劳务队长（或专业分包项目负责人注册建造师）证书复印件、特殊工种资格证书和操作证书；提供进场设备清单、计量器具的检定证书等，提交项目部备案。

（3）项目部组织分包商进行管理交底。确定分包商的各类计划、报告、实物管理程序、时间要求、紧急问题处理方法等。

（4）项目部按分包合同约定和分包商提供的有关资料对进场分包商进行符合性验证，填写《分包商进场验证表》。发现不符合的，要求其限期改正或禁止进场。

（5）项目部督促分包单位建立项目质量、安全管理体系，按相关法规规定配齐质量员和安全员。并收集分包商质量、安全管理组织机构图（组织机构图要求有分包单位盖章、劳务队长或项目负责人签字及编制时间）和质检员、安全员证书复印件。检查、督促进场分包管理人员和一般生产工人按规定持证上岗，管理人员和特殊工种持证上岗率应为100%。

（6）项目部应依据分包合同约定，向分包商提供必要的生产条件、生活设施。随时了解工程进展情况，及时解决劳务方面出现的问题，做好劳务违约纠纷的调解工作。

（7）项目部指导分包商做好施工准备，安排项目部管理人员与分包商管理人员对接，明确项目部总体安排、现场管理制度、程序、方法及现场管理计划，针对每一个分包商制定管理方案，确定分包商的各类计划、报告、实物的管理程序、时间要求以及紧急问题的处理方法，防止分包索赔，并建立反索赔机制。

（8）对分包商人员进行安全培训、考核和技术交底。

（9）按分包合同的约定安排分包商相关人员进行体检。

2. 分包商的退场

（1）分包商完成合同约定范围内的工作后，可申请或由项目部通知办理退场手续。分包商违约或履约能力不能满足项目管理要求时，项目部按合同约定扣除履约保证金或保函，核定分包商按合同应承担的违约索赔，严重的应令分包商中途退场。因工程停工可与分包商协商退场。

（2）分包商退场，需制定分包退场方案，明确分包工程收尾安排、工程及生活区、生产设施移交时间、方式以及人员、器械、设备退场的安排，提交《分包人员撤场清算表》，经项目部审批并验收完毕，方可退场。

（3）项目部按照合同约定及分包退场方案验收分包工程质量，清点分包退还的证件、借领的工具或器物、剩余材料、撤场分包人员工资清算情况等，验收完毕，下达《分包退场通知书》。办理分包商退场手续、分包结算及履约保证金退还工作，并对分包商现场工作进行综合性考核。

4.2.3 分包队伍的日常管理

1. 进度管理

（1）项目部与分包队伍签订合同时，应明确分包队伍进度责任和进度节点。

（2）项目部应对分包队伍进行进度计划交底，明确项目进度计划安排和节点。并于每月初对上月分包进度情况进行考核。

（3）分包商应根据分包合同约定及项目部总体安排，提交《分包工程总进度计划》及《月度进度计划》、《周作业计划》，详细说明人员、材料、机具的进场及作业安排，有关计划报项目部批准后实施，可作为项目部对分包商管理或向分包商索赔的依据。

2. 质量管理

（1）分包队伍应配合项目部建立质量管理体系，配置质量管理人员，确保工程施工质量符合要求。

（2）项目部与分包队伍签订合同时应明确分包队伍质量管理责任，确保工程施工质量。

（3）分包队伍进场后应与项目部签订质量协议。

（4）项目部应于每月初对分包队伍上月的施工质量管理进行考核。

3. 安全管理

（1）安全协议签订审查管理

项目部应及时与各分包单位签订《安全生产协议》，明确双方的权利和义务以及各自的安全管理职责，确定遇有特殊情况发生时的处理程序以及争议的解决渠道和方式方法，明确协议有效期限。安全协议必须与法人单位签订，由法定代表人或其委托代理人签字认可，加盖法人单位公章或合同章，并签订日期。安全生产协议签订审查与管理工作应参照以下程序进行：分包单位签字盖章后，报项目法人单位主管部门审查备案，由安全生产监督管理部门审验通过，并负责办理加盖单位公章相关事宜，建立安全协议审查登记台账。

（2）安全教育培训工作签字管理

分包队伍作业人员进场后，项目负责人应在现场及时组织开展对所有从业人员的安全教育或培训，灌输相关法律法规的有关要求，介绍施工现场危险因素与防范措施，讲述安全技术操作规程，明确项目管理制度，提出安全注意事项，促进从业人员增强安全意识，帮助其提高操作技能和自我保护能力，做到"三不伤害"，即"不伤害自己，不伤害他人，不被他人伤害"。受教育人员应进行实名制登记，并履行本人签字确认手续，连同全面详尽的教育内容一同存档，完善教育培训资料。

（3）检查验收组织实施管理

项目部应定期组织开展安全检查验收工作，做全方位的检验督促。项目经理每周应组织一次现场全面检查或验收，安全员负责协调，对施工现场的环境、临电设施、安全防护设施、文明施工状况以及施工作业行为进行检查，发现问题立即予以协调解决，发现不安全行为予以及时纠正。对于专项检查或日常巡检，项目安全负责人或安全员可自行组织，及时发现隐患，及时督促整改。

（4）奖罚处置单据核定会签管理程序

在签订分包合同或安全协议时，要求分包队伍按一定比例预缴安全与文明施工保证金，或在拨付工程款时按比例予以适时扣缴。项目部应经常对分包单位的安全生产与文明施工状况进行检查与评价，对不履行企业管理理念和管理制度、违规作业、野蛮施工的单位或个人提出批评和处罚，对各方面表现优异的单位或个人予以表彰和奖励，奖罚处置应予公示。项目部应按季将奖罚情况向单位主管部门汇报，主管部门应定期对奖罚落实情况进行督察，发现违规操作应予严惩。

4. 文明施工管理

（1）分包队伍应配合项目部做好文明施工管理，做好项目施工现场规划。

（2）分包队伍应对施工现场实行"工完场清"，管理好场容场貌。

（3）项目部应定期对分包队伍文明施工进行考核。

5. 生活娱乐管理

（1）分包队伍应对劳务作业人员进行规范管理，确保劳务人员的安全。

（2）项目部应对生活区进行统一规划和管理，做好劳务人员居住、饮食、业余生活的保障工作，为劳务人员提供安全舒适的生活环境。在施工现场按条件设置必要的生活设施和休闲娱乐设施，比如浴室、文化活动室、阅览室、篮球场、羽毛球场、乒乓球室等，丰富工人的业余文化生活。

（3）项目部应按规定建立劳务人员业余学校，对劳务人员开展形势政策、法律法规、专业知识及技能、安全、质量、消防等培训教育活动。

6. 计量、结算、支付管理

（1）按分包合同的约定，分包商应按月进行完成工程量的统计，报项目部，项目部负责分包计量的工程师应到现场核实工程量，并签字确认，作为分包方的结算依据。

（2）在与项目分包队伍签订合同时，应明确工程款支付方式和节点。在工程施工过程中，项目部按分包合同约定与分包商办理进度款结算。分包合同约定内容完成并验收合格后，项目部与分包商办理最终结算。

（3）分包结算由分包商按分包合同约定提出申请及相应结算资料，项目部受理后办理审核及会签手续，并将有关分包结算资料上报企业审核。

（4）企业审定结算资料后，通知项目部，由项目部通知分包商确认有关数据及条件，并按企业规定的流程为分包方办理结算。

（5）项目部、企业对分包商的结算审核与会签属于企业内部程序，由结算部门牵头办理，分包商不得参与。

（6）分包工程进度款和工程款的支付，应按分包合同的约定，由项目商务部门发起，按企业相关支付流程办理。

4.2.4 劳务人员实名制管理

劳务实名制管理是劳务管理的一项基础工作。实行劳务实名制管理，将劳务人员姓名、身份证、劳动合同书编号、岗位技能证书号登记入册，并确保人、身份证、册、合同、证书相符统一，使总包对劳务分包"人数清"、"情况明"、"人员对号"、"调配有序"，从而促进劳务企业合法用工，切实维护工人权益，调动工人积极性，实施劳务精细化管理,增强企业核心竞争力。

1. 劳务实名制管理的内容

(1)劳务人员用工管理实名化

劳务企业要与劳务人员依法签订书面劳动合同,明确双方权利和义务。应将劳务人员花名册、身份证、劳动合同文本、岗位技能证书复印件报总包备案,并确保人、身份证、花名册、合同、证书相符统一。人员有变动的要及时变动花名册、并向总包办理变更备案。无身份证、无劳动合同、无岗位证书的"三无"人员不得进入现场施工。

(2)劳务人员培训管理实名化

要逐人建立劳务人员入场、继续教育培训档案,记录培训内容、时间、课时、考核结果、取证情况,并注意动态维护、确保资料完整、齐全。项目部要定期检查劳务人员培训档案,了解培训开展情况,并可抽查检验培训效果。

(3)劳务人员现场管理实名化

进入现场施工的劳务人员要佩戴工作卡,注明姓名、身份证号、工种、所属分包企业,没有佩戴工作卡的不得进入现场施工。分包企业要根据劳务人员花名册编制出勤表,每日点名考勤,逐人记录工作量完成情况,并定期制定考勤、考核表。考勤、考核表必须报总包项目部备案。

(4)劳务人员工资发放实名化

劳务企业要根据劳务人员花名册按月编制工资台账,记录工资支付时间、支付金额,经本人签字确认后,张贴公示。劳务人员工资台账报总包备案。

(5)劳务人员社会保险缴费实名化

劳务企业要按照施工所在地政府要求,根据劳务人员花名册为劳务人员投保社会保险,并将缴费收据复印件、缴费名单报总包备案。

2. 劳务实名制管理措施及工具

(1)劳务实名制管理的工具

目前,劳务实名制管理工具主要有手工台账、Excel表、劳务管理软件。

(2)监督检查

项目应每月进行一次劳务实名制管理检查,检查内容主要如下:劳务管理员身份证、上岗证、劳务人员花名册、身份证、岗位技能证书、劳动合同书、考勤表、工资表、工资发放公示单、劳务人员岗前培训、继续教育培训记录、社会保险缴费凭证。不合格的劳务企业应限期进行整改,逾期不改的要予以处罚。企业要每季度进行项目实名制管理检查,并对检查情况进行打分,年底进行综合评定。

3. 项目部劳务管理的具体工作

(1)设立专职劳务管理员

项目部应建立劳务管理体系,设立专职劳务管理员并持证上岗,明确劳务管理员岗位职责,确保劳务实名制管理制度的贯彻执行。

(2)负责工人预储账户、工人工资支付与劳务实名制等管理制度在项目部贯彻落实。

(3)负责要求分包单位提交《分包单位规范用工承诺书》、《劳务队长(项目负责人)授权委托书》、《现场劳资员授权委托书》、《劳务作业人员花名册》、劳务人员劳动合同原件，分包商合格资质证件复印件、劳务队长证书复印件、劳务人员身份证复印件、岗位证书及技能等级证书复印件，并督促分包单位相关人员持证上岗比例满足当地政府相关部门的要求。

（4）负责向分包单位劳务队长（或专业分包负责人）、劳资员进行劳务实名制管理职责的交底，监督指导分包单位做好劳务实名制管理工作。

（5）负责督促分包单位每月初向项目部提供上月进场劳务人员真实、有效的《劳务作业人员花名册》、《劳务作业人员工资明细表》、《劳务作业人员工资考勤表》以及《分包人员撤场清算表》等劳务实名制管理有关资料，并进行审核。

（6）负责建立项目部《劳务作业人员花名册》，进行动态管理，并于每月初向区（县）建设行政主管部门上传劳务实名制有关信息（如当地政府有此规定）。

（7）负责按规定建立工人夜校并按规定开展教学活动，建立劳务人员进场、教育培训档案。重点做好对劳务人员进场后的安全、质量教育以及分包企业工资支付过程的培训工作，确保每一名进场劳务人员清楚其权利和义务，并保存有关培训记录。

（8）定期统计进场劳务人员数量及工资支付情况，每月底向企业工程管理部门报送《劳务队伍管理统计月报》。对于劳务人员工资不能做到"月结月清"及拖欠工资的劳务分包企业，负责督促其改正，并制定有效的应对措施。

（9）项目开工前编制《劳务人员突发事件应急预案》，建立劳务人员工资支付协调处理小组，并在施工现场显著位置公示工人考勤、工资支付情况和建筑业务工人维权告示牌，维权告示牌内容包括项目部劳务纠纷调解部门、地点、联系人、联系电话、调解负责人联系电话、项目所在区县监督电话等信息。

（10）工程竣工或分包工程终止后，负责本工程《授权委托书》、《劳务作业人员花名册》、《劳务作业人员工资考勤表》、《劳务作业人员工资明细表》、《分包人员撤场工资清算表》等劳务实名制资料移交企业工程管理部门存档。存档时间原则上不少于3年。

（11）项目部根据劳务人员花名册、劳动合同原件、身份证复印件、体检健康证明、技能等级证书复印件核对进场人员，通过读取劳务人员二代身份证等方式，为劳务人员办理"劳务人员实名制管理卡"（可与劳务人员工资卡联动）。"劳务人员实名制管理卡"可实时反映劳务人员的个人基本信息（包括姓名、性别、年龄、工种等）、技能、持证、教育、培训、施工经历、个人信用及奖罚情况；同时与项目部门禁系统联动，将劳务人员的出勤等相关信息纳入劳务管理信息系统，并通过信息系统实现工资发放、技能培训、个人信用等全方位的实名制管理。

（12）项目部应设置门禁系统，劳务人员必须持"劳务人员实名制管理卡"进出现场。项目部门禁系统与企业劳务管理信息系统联动，实时将劳务人员出勤情况汇总统计。

（13）劳务人员工资支付管理

分包商按月提交劳务人员花名册、出勤表、工资表、工资卡号等，依据分包合同向项目部提出劳务工人工资支付申请。

项目部制定劳务人员工资支付计划，按照劳务人员进出场记录、各作业面有关劳务人员出勤记录或其他统计记录资料，核定实际应发放的劳务人员工资。

当分包商的劳务人员出勤表和现场门禁记录及劳务管理员的考勤记录有差别时，项目部应分析查找原因，再次核对。核对一致后，项目部方可向分包商专项支付工资款项，并要求分包商正式公开通知工资发放消息、公布支付凭据。有条件的项目部可代分包商向劳务人员工资卡中打入工资。

4. 分包企业劳务实名制管理主要工作

（1）出具《分包单位规范用工承诺书》、《劳务队长（项目负责人）授权委托书》、《现场劳资员授权委托书》，明确分包单位劳务队长（项目负责人）及现场劳资员管理职责，按照总包要求及当地政府部门管理规定，建立工人预储账户、执行工人工资支付与劳务实名制等管理制度。

（2）落实工人工资"月结月清"制度，即每月要结清每名劳务人员的应发工资、实发工资及欠发工资数额。

（3）服从总包管理，按照总包劳务管理员要求及时提供进场《劳务作业人员花名册》、《劳务作业人员工资明细表》、《劳务作业人员工资考勤表》以及《分包人员撤场清算表》、劳务人员劳动合同原件、分包商合格资质证件复印件、劳务队长证书复印件、劳务人员身份证复印件等劳务实名制资料。

（4）对工人的各项管理工作，必须认真贯彻执行项目所在地的地方政府关于工人管理的文件精神。

4.3 商务管理

4.3.1 合同管理

1. 合同订立管理

（1）合同资信管理

进行招、投标或签署合同前，合同承办部门应当对合同对方资信状况进行调查和评估，并依据相关制度填写调查表，作为合同审核的重要依据。

资信调查及评估应力求及时、准确、深入。资信状况调查一般从以下几个方面进行：

1）身份基本情况。合同对方为企业的，指企业工商行政登记基本情况，以证实主体资格是否真实、合法。

2）资产状况。

3）经营情况，是否具备履约能力。

4）社会信誉。

5）社会影响力、知名度。

6）法律纠纷案件情况。

7）其他。

资信调查完成后进行资信等级评估，评估结果可分为"良好"、"一般"、"差"。存在以下情况，明显缺乏履约能力的，应评估为"差"，不可与之签订合同。具体如下：

1）不具有独立的民事责任能力，没有签订合同的主体资格。

2）被吊销营业执照，或者因违法经营、未正常年检等原因可能被吊销营业执照的。

3）注册资本与合同标的额不相应，或者资产明显不足以保障履约的。

4）财务状况恶化或有明显恶化趋势。

5）曾有过欺诈、单方毁约、恶意索赔、拖欠合同款项等不诚信行为且比较严重的。

6）法律纠纷案件比较多，且案件多为其过错引发的。

7）由于诉讼、仲裁、欠缴税款，被法院、银行或税务部门查封、冻结，对其生产经营有较大影响的。

8）其他现象或行为足以表明其不具有履约能力，或有潜在信用危机。

公司与合同对方合作过、合作情况表明其资信良好，或者相关情况足以表明合同对方资信情况良好的。经业务主管部门领导同意，可以不进行资信调查。

（2）合同审核及审批

合同的缔结采用招投标方式的。一般均应在决定参与投标或组织招标前，对招标文件进行评审，进行投标或招标报签审批。招投标中标的单位，于中标后签约前，对签约文本等合同文件进行会同审核，进行签约报签审批。不采用招投标方式的，于签约前对签约文本等合同文件进行评审，进行签约报签审批。

企业合同的会同审核和报签审批分级进行，按照经营授权额度报企业有关领导按其权限进行审批。

会同审核部门对合同进行评审后，应当提出书面审核意见，并由审核人和审核部门负责人签字。审核意见应当明确、具体，避免使用模糊性语言。

实行合同退改重审制度。对审核中发现的重大错误、遗漏和不妥之处，审核部门应当予以确认并提出修改意见。合同管理部门组织进行修改之后，应当重新提交审核。

（3）合同谈判

企业应成立合同谈判小组，合同谈判小组根据合同评审意见，确定谈判方案及谈判策略，并编制谈判策划书，按规定进行审批。合同谈判策划书内容包括风险说明、谈判重点及建议、谈判目标。谈判目标包括：底线目标，即应当坚持的目标；争取目标，即尽量争取修改条款以达到对我方有利的目标；策略目标，可在合同谈判中提出并做策略性放弃的目标。

合同管理部门组织合同谈判准备会，谈判小组成员根据营销的策略和意图、招标文件的评审意见、报价交底资料制定谈判原则和方案。谈判前，谈判小组成员要熟悉招标文件、投标文件、中标书、纪要、往来函件等文书，并全面分析项目现场情况、技术条件、运输方式、供需情况等，抓住利弊因素，积极争取谈判主动权。

谈判策略的选择要充分考虑谈判对象、谈判焦点、谈判阶段和谈判的组织方式等方面的情况。

合同谈判应做好记录，谈判结束后立即形成纪要，双方签字认可，及时锁定谈判成果。

2. 合同履行管理

（1）合同交底

合同交底应实行两级交底，即企业对项目部进行一级交底，项目部内部进行二级交底。一级交底一般要求在合同签订后 15 天内完成，二级交底在一级交底后 30 天内完成。

一级交底由企业合同管理部门会同法律事务、工程管理、质量安全等部门，与投标报价人员、合同谈判人员一起对项目部项目经理、项目商务合约经理等项目主要管理人员进行交底。

一级合同交底的要点包括：发包人的资信状况、承接工程的出发点、项目背景情况；采用的投标策略，以及投标报价时分析、预计的主要盈亏点，不平衡报价策略中不平衡报价的项目；合同洽谈过程中考虑的主要风险点和双方洽商的焦点条款，谈判策划书的重点及其洽商结果；合同订立前的评审过程中提出的主要问题或建议，特别是评审报告中明确要求进行调整或修改但经洽商仍未能调整或修改的条款；合同的主要条款，包括质量、工期约定、工程价款的结算与支付、材料设备供应、变更与调整、违约责任、总分包分供责任划分、履约担保的提供与解除、合同文件隐含的风险以及履约工程中应重点关注的其他事项等。

项目经理和项目商务经理在接受合同一级交底后，在深入理解合同文件的条件下，结合施工组织设计和现场具体情况，进行合同二级交底。二级交底由项目商务合约经理负责，项目全体管理人员参加。二级交底的依据有合同文件、经发包人和监理批准的施工组织设计、监理合同、一级交底记录、现场具体情况。

二级合同交底的要点包括：总包合同关于承包范围、质量、工期、工程款支付、分包分供许可、人员到位、内业资料管理、往来函件处理、违约等方面的约定，重点说明履约过程中的主要风险点；结合项目责任书，向项目部全体管理人员说明除了应满足总包合同约定外，项目部应实现包括质量、环境、职业健康安全管理体系运行要求在内的，总包合同未涉及的各项管理目标；可主张工期、费用索赔的事项和时限，确定合适的索赔时机。交底要说明发包人、监理工程师的权限，重点交底说明各类签证办理的时间要求、审批权限规定、格式及签章要求，以确保在履约过程中形成的签证单的有效性；特别说明在谈判和评审时主张进行调整或修改但经洽商仍未能进行调整或修改的条款，以及在履约管理过程中针对这类条款的适时主张调整或变更的时机、方法。

合同交底应形成书面交底记录，参加合同交底会的人员在交底书上签字。合同交底应当全面、具体，突出风险点与预控要求，具体可操作。合同交底涉及企业商业秘密应当注意做好保密工作，参与人员不得泄露合同交底的内容。

（2）履约监控、策划及交底

公司业务主管部门采取措施开展履约监控管理，对公司合同履行管理情况进行监督、检查。合同实施单位具体负责合同履行管理及履约事件处理工作，保障在履约过程中维护公司合法权益，防范和控制合同风险。

合同实施单位负责组织向具体执行合同的单位和人员进行合同交底，就合同订立过程有关重要情况进行详细说明。合同交底应形成交底文件资料，交底人和被交底人签字确认。

合同履行策划书和交底文件属公司商业秘密文件，有关人员应予保密，不得对外泄露。

（3）项目商务策划

在企业进行合同一级交底的基础上，企业合同管理部门牵头、相关部门参与、项目部具体编制项目商务策划书，项目商务策划书要报企业合同管理等相关部门进行评审，企业主管领导审批。项目商务策划书由项目成本分析对比表、分包分供管理策划表、项目资金管理策划表、合同风险识别表、签证索赔策划组成，在对项目盈亏点、风险点深入分析的基础上，提出具体应对措施方案，以便做好"二次经营"，保障履约。

项目商务策划书应以合同为依据，以有利于工程、保障履约为前提，按照"整体策划、动态管理、阶段调整、重在落实"的原则，围绕"两线（化解风险、降本增效）三点（赢利点、亏损点、风险点）"开展工作，"开源"与"节流"相结合。

项目商务策划的内容：

1）成本对比分析：将合同预算收入与目标责任成本进行对比分析，重点分析投标清单的盈利子目、亏损子目、量差子目。

2）施工管理模块选择：根据施工合同条件，结合企业自身实际，选择合适的项目施工管理模式。

3）施工方案经济分析：将投标方案与实施方案对比分析，结合经济技术分析，选择科学合理方案。

4）分包分供管理策划：包括发包人指定分包分供和劳务、专业分包单位的资格预选、招投标、沟通与对接、效益等策划。

5）现场成本控制策划：重点控制材料的损耗、零星用工的使用、机械设备及材料的及时停租、退租等方面。

6）资金管理策划：财务部门结合施工组织设计以及各项资源配置方案，测算出各阶段现金流及资金使用计划，主要包括项目资金收入计划、支出计划及与实现计划有关的其他资金方面的行为。

7）合同风险识别：针对合同主要条款进行识别、分项和策划，包括工程质量、安全、工期、造价、付款、保证金、保修、结算、维修等，制订风险对策和目标，落实责任人。

8）签证索赔策划：结合风险识别和项目潜在赢利点、亏损点、索赔点分析，围绕经济与技术紧密结合展开，通过合同价款的调整与确认、认质认价材料的报批、签证方式等进行策划。

9）法律风险与防范：项目本身及其与各相关方过程文件的合法有效性、合同风险的前期控制、施工合同履约规范性、分包分供及物资采购规范性等进行策划。

项目商务策划编制完成并经审批后，项目部要组织项目全体管理人员进行交底。项目部要将策划内容按项目岗位职责分解到项目岗位责任书中。项目策划书要动态管理，当外部条件（环境）发生变化需要调整时，项目部要及时对原策划进行调整，并做好调整记录。项目部每月成本分析中应对当期策划完成情况进行总结，制定下月策划实施重点及相应的调整措施。

（4）合同变更、解除及索赔管理

合同履行过程中，合同需进行内容、主体等变更的，须按有关管理规定进行审核和审批。需解除合同的，一般应由原审核部门进行审核，原批准人进行审批。未经审核和批准，不得签署合同变更或解除文件。

在合同履行过程中，因发生合同对方违约行为或其他事件，造成或可能造成公司经济和其他损失，且根据合同可以要求对方或第三方赔偿的，合同实施单位应全面收集索赔证据，及时提出索赔要求，保障实现索赔权利。

企业商务管理部门应当根据合同条款审核执行结算业务。凡未按合同条款履约的，或符合签订合同条件而未签订合同的，或验收未通过的业务，商务部有权拒绝结算，财务管理部门有权拒绝付款。

（5）合同文件资料的管理及重大合同的备案

业务主管部门和具体实施单位负责妥善保管合同订立前、履行过程中及合同纠纷发生后产生有关文件资料。这些资料包括但不限于合同当事人的《企业法人营业执照》、《法定代表人授权委托书》，从业资格要求的相关证书等资信材料、各种往来函件、数据电文、招投标文件、合同及附件，合同审核会议纪要或合同评审表、合同交底记录，建设单位与施工单位的会议纪要、备忘录，经业主签证认可的工程实施计划、工地交接记录、施工进度、施工记录，履行过程中发生的会议纪要、备忘录等文件，经建设单位、监理单位签证认可的设计变更清单和通知书、工程价款、预付款拨付单据，合同履行过程中各种来往文件、资料及其签收记录等。

工程施工和开发项目应建立完善工程资料管理制度，设专人进行专门管理。合同文件资料的归档工作具体按企业档案管理制度执行。

项目部应做好合同资料的收发、传递、保管等工作，并注意合同资料的保密性、及时性和完整性。企业对项目部合同资料的日常管理要进行定期检查考核。项目部应将履约资料按月或季收集整理，统一归档保管，项目竣工后按规定做好移交工作。

3. 合同纠纷管理

企业在缔结、履行合同的过程中，应本着诚实信用的原则，尽量避免发生合同纠纷。发生纠纷的，应积极与合同相对人协商解决。

合同纠纷协商不成，可能发生法律纠纷的，应及时移交法律事务部门处理。

法律事务部门接手处理合同纠纷的，仍应进行非法律措施解决的努力。确实无法协商解决的，按照企业有关法律纠纷案件管理规定处理，进入法律程序、采取法律措施解决。

4.3.2　签证索赔管理

1. 签证索赔的管理概要

（1）遵循"勤签证、精索赔"原则；先签证，若签证不成再办理索赔，且签证不成即应进入索赔程序；努力以签证的形式解决问题，减少索赔事件发生；坚持单项索赔，减少总索赔。

（2）梳理完善签证索赔流程，明确各相关岗位及人员责任机制。项目专业工程师等相关人员有责任提出签证索赔，项目工程管理部门计算索赔工期，商务合约部门计算工程量、价，项目签证索赔工作组进行审核，项目经理批准。遇到重大索赔需报企业商务合同管理部门审核，企业主管领导进行审批。

（3）规范签证索赔工期费用计算、提交报告文函、证据资料等环节管理，按签证申请表、工程量费用或工期计算说明书、工程工期延误报告、工程工期补偿报告、工程费用补偿报告等模板及工期费用计算规范、证据规范等执行。

（4）建立反索赔机制。

2. 索赔的发起

（1）由专业技术工程师提出：

1）发包方未严格按约定交付设计图纸、技术资料、批复或答复请求。

2）非我方过错，发包方指令调整原约定的施工方案、施工工艺、附加工程项目，增减工程量、变更分部分项工程内容、提高工程质量标准等。

3）由于设计变更、设计错误、数据资料错误等造成的修改、返工、停工、窝工等。

（2）由现场责任工程师提出：

1）发包方未严格按照约定交付施工现场、提供现场与市政交通的通道、接通水电、批复请求、协调现场内各承包方之间的关系等。

2）工程地质情况与发包方提供的地质勘探报告的资料不符，需要特殊处理的。

3）非承包人过错，发包方指令调整原约定的施工进度、顺序、暂停施工、提供额外的配合服务等。

4）由于发包方的错误指令对工程造成影响等。

5）发包方在验收前使用已完成或未完工程，保修期间非承包方造成的质量问题。

（3）由质量工程师提出：

1）发包方未严格按照约定的标准和方式检验验收。

2）合同约定或法律规定之外的额外检查。

（4）材料、机械工程师提出：

1）发包方未严格按约定的标准或方式提供设备材料。

2）发包方指定规格品牌的材料设备市场供应不足，或质量性能不符合标准。

3）发包方违反约定，调换约定的材料设备的品种、规格、质量等级，改变供应时间等。

（5）由项目会计提出：

1）发包方未严格按约定支付工程款。

2）非承包方的过错而发包方以此为由拒绝或延迟返还保函、保证金。

3. 工程签证索赔计算

（1）费用签证索赔计算

由项目商务合约部门按照合同约定的方式或者双方(业主与承包人)认可的其他方式计算。

（2）工期签证索赔计算

1）若延误未发生在关键线路上，且此延误并没有改变原进度计划的关键线路，未对工程进度造成实质延误，只是对非关键线路的进度造成一定的影响，不影响工程整体进度，则可不纳入工期签证索赔计算。

2）若延误未发生在关键线路上，但此延误改变了原进度计划的关键线路，使得由于此延误的发生，影响了工程进度计划，则将此延误事件的进度放入项目整体进度计划中，计算由此带来的延误，从而计算出延误工期。

3）如延误发生在关键线路上，则直接将此延误放入项目整体进度计划中，计算整体工期受到影响的天数，从而计算出工期延误的天数。

（3）计算签证索赔证据结果

计算结果应包含对应的经济补偿额度和（或）工期顺延时间的具体计算方法、过程，应包括签证索赔总额和各分项签证索赔额的详细计算。

4. 签证索赔的证据

（1）工程签证索赔的证据要求

1）真实性：应当是在实施合同过程中确定存在和发生的，以事实为依据。

2）全面性：所提供的证据应能说明事件的全过程。工程签证索赔申请中涉及的签证索赔理由、事件过程、影响、索赔数额等都应有相应证据。

3）关联性：工程签证索赔的证据应当能够相互说明，相互具有关联性，不能相互矛盾。

4）及时性：证据的取得及提出应当及时，符合合同约定。

5）具有法律证明效力：一般要求证据应是书面文件，有关记录、协议、纪要应是双方签署的。工程重大事件、特殊情况的记录、统计应由约定的发包人现场代表或监理工程师签证认可。

（2）签证索赔的证据种类

1）招标文件、工程合同、发包人认可的施工组织设计、工程图纸、技术规范等。

2）工程各项有关的设计交底记录、变更图纸、变更施工指令等。

3）工程各项经发包人或合同中约定的发包人现场代表或监理工程师签认的签证。

4）工程各项往来信件、指令、通知、答复、邮件等。

5）工程各项会议纪要。

6）施工计划及现场实际实施情况记录。

7）施工日报及工长工作日志、备忘录。

8）工程送电、通水、道路开通、封闭的日期及数量记录。

9）工程停水、停电和干扰事件影响的日期及恢复施工的日期记录。

10）工程预付款、进度款拨付的数额及日期记录。

11）工程图纸、图纸变更、交底记录的送到份数及日期记录。

12）工程有关施工部位的照片及录像等。

13）工程现场气候记录，如有关天气的温度、风力、雨雪等。

14）工程验收报告及各项技术鉴定报告等。

15）工程材料采购、订货、运输、进场、验收、使用等方面的凭据。

16）国家和省级或行业建设主管部门有关影响工程造价、工期的文件、规定等。

5. 签证索赔奖罚

（1）对于签证索赔办理及时有效，经济效益突出的，企业和项目部应根据企业的相关规定进行奖励。

（2）项目经理、项目商务合约经理作为工程签证索赔的第一责任人与直接责任人，应对签证索赔结果负责，特别是对低于成本支出底线的签证索赔、未执行工程签证、不能在索赔报送规定时限内完成审批而又未发催告函、故意或过失造成签证索赔基础资料不全、毁灭签证索赔资料等，项目部和企业应对相关责任人进行必要的处罚，构成犯罪的应移交司法机关处理。

6. 对发包人的签证（索赔）管理

（1）签证（索赔）时限

合同中已约定时间的，签证（索赔）事项发生后在合同约定的时间内向发包人提交签证（索赔）报告和资料，合同中没有约定时间的，签证（索赔）事项发生后在5日内向发包人提交签证（索赔）报告和资料，当签证（索赔）事项持续发生时，根据实际情况分阶段向发包人提交签证（索赔）报告和资料，并在约定的时间内办理签证（索赔）手续。

（2）签证（索赔）程序和原则

签证（索赔）由项目经理牵头，商务合约经理具体负责。当签证（索赔）事项发生后，商务合约经理根据签证（索赔）的内容和类型安排与签证（索赔）事项有关的人员负责搜集、整理签证（索赔）资料。当签证（索赔）报告和资料整理完毕后，经项目经理审核后由商务合约经理及时报送发包人。

签证（索赔）数额较大，要经过项目班子研究后报送，必要时经所属企业相关部门审核后报送。

签证（索赔）的资料要齐全、真实、理由充分、计算准确、逻辑性强。

项目商务合约经理向发包人报送的签证（索赔）报告和资料，必须办理书面送达签收手续，同时商务经理必须完整留存一份，与工程的合约等经济资料一同保管。

签证（索赔）工作流程如图 4-1 所示。

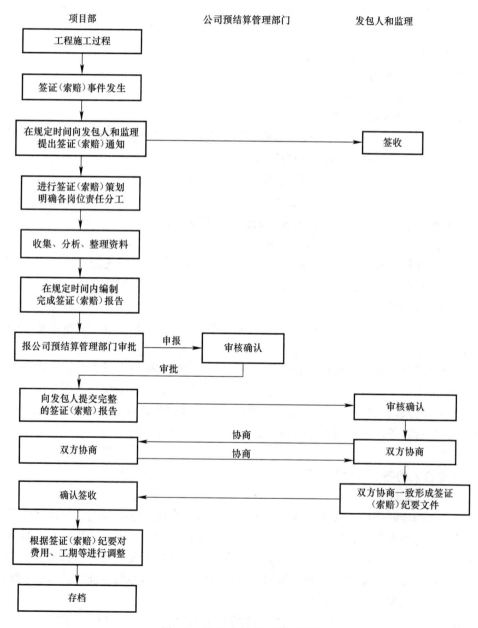

图 4-1　签证（索赔）工作流程

7. 对分包人提出的签证管理

（1）签证时限

项目部对分包人提出的签证必须要求分包人在合同约定的时间内递交，超过合同约定的时间不得办理签证。合同中没有约定时间的，签证事项可以预见时要求分包人在签证事项发生前5日内提出，不能预见时要求分包人在签证事项发生时立即提出。分包人签证应在工程分包合同约定的时间内办理完毕或提出修改、否决意见；工程分包合同没有约定时间的应在10日内办理完毕或提出修改、否决意见。

（2）签证原则

实事求是、公平、公正、公开、合理、合规、合法。

签证事项的"量"与"价"可一次办理的应同时办完，"量"需要在事项发生过程中确定的，应由专人跟踪计量，但单价必须在事项发生前协商约定。

（3）签证权限与程序

签证办理权限与程序需符合企业要求的审批底线，在此前提下，可根据具体承接项目情况增加审批人。

对分包人提出的索赔管理按照对分包人提出的签证管理执行。

签证（索赔）项目内容以合同或协议形式办理的，由企业合约管理部门负责。

（4）扣款

扣款包括但不限于以下内容：物资超耗扣款、代购材料款、试验检测费、安全文明施工扣款、质量扣款、工期扣款、电费、水费、食宿费等。

（5）奖惩

项目部各部门可根据合同约定及现场管理规定，对分包、分供、机械租赁单位进行奖励或处罚。奖励单、处罚单审批完成后，需汇总至商务合约部并计入（预）结算中。

4.3.3　结算管理

1. 分包（分供）结算

（1）分包（分供）结算的相关要求

在工程施工过程中，项目部按分包（分供）合同约定与分包（分供）商办理过程预结算。分包（分供）合同约定内容完成后，项目部与分包（分供）商办理最终结算。

分包结算由分包商按分包合同约定提出申请及相应资料，项目部受理后办理审核及会签手续。项目部依据分包分供合同、施工图纸、设计变更、签证单、奖罚费用、中间结算等形成初步结算书，并经项目相关部门审核，项目经理审批同意后报企业商务合约管理部门。

工程分包（分供）结算书在审核传递过程中，应由各级结算管理部门主办人员负责报送和移交，不允许分包（分供）单位传送结算文件。相关人员不得向分包（分供）人透露、提供我方中标价、预结算台账、施工图预算、签证索赔、竣工结算等商务资料，也不得将未经审定的工程分包（分供）结算传递给分包（分供）单位。

项目报送的结算书应当附有最终结算的审核说明及相应的计算、结算依据，便于公司复查核实以及领导审阅。

结算书应当经公司授权批准人审批同意后方可签订。

分包、分供、机械在退场（履约结束）时，都需办理最终结算。

（2）项目部对工程分包结算初审

项目部初审工程分包结算由项目经理、商务合约经理、现场专业工程师、质量工程师、安全工程师、材料设备工程师、商务人员和结算主办人办理，审核内容如下：

结算主办人根据现场专业工程师确认的施工范围、内容、完成的工程量、工期完成情况；质量工程师确认的工程质量情况；安全工程师确认的施工安全生产情况；材料设备工程师确认的领用消耗物资机具情况，按照工程分包合同约定进行审核签字。

项目财务人员负责提供分包付款和物资机具账务情况。

材料主管负责提供分包单位领用和清退物资、机具情况及账务处理情况并签字。对节超的材料与丢失损坏的物资、机具、设备，配合商务人员按工程分包合同约定办理。

现场专业工程师、质量工程师、安全工程师负责提供施工内容工程量完成情况、工期完成情况、质量完成情况、安全生产情况等并签字。

商务合约经理根据上述人员提供审核的情况和工程分包合同约定，全面对工程分包结算的计量计价等进行审核后签字，并进行分包成本分析对比，形成书面分析报告。工程分包结算工程量和单价不得大于工程总包结算工程量和单价，特殊情况出现工程分包结算工程量或单价大于工程总包结算工程量或单价的，必须附有项目经理、商务经理、主办人签字确认的说明。

项目部向企业负责工程结算管理部门报送的工程分包（分供）结算，由结算管理部门指定复审人签收，复审人对所复审的工程分包（分供）结算进行全面的审核。审核内容包括工程分包（分供）合同执行情况、套用定额、领用消耗物资及机具、工程量、取费等。复审人对其复审的工程分包（分供）结算负责并签字后报工程结算管理部门经理审核，工程结算管理部门经理审核后报公司总经济师（或主管副总）及总经理审批后签字，并指定专人加盖公司专用章后生效。

工程分包结算工作流程如图 4-2 所示。

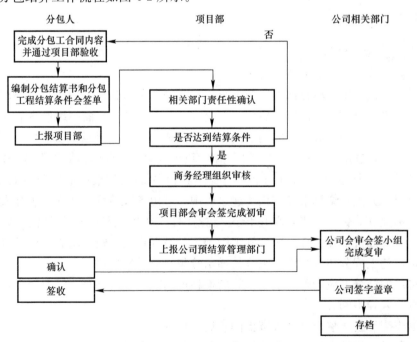

图 4-2　工程分包结算工作流程

2. 总包结算

（1）项目部结算主要职责

负责收集整理项目经济资料，负责工程预结算策划，负责工程结算书编制，组织实施工程结算核对工作，及时向上级单位汇报结算进展情况，按时完成工程竣工结算。

工程结算完成后，及时书面总结结算工作，根据结算目标责任书申报结算奖励，按规定将结算资料归档。

对工程结算结果负直接责任。工程总包结算建立企业、项目经理责任制，项目经理是结算工作的第一责任人，项目商务经理是结算工作的直接责任人，企业总经济师是结算工作的主要负责人。

工程总包结算未办理完毕，项目经理、商务经理、总工程师、生产部经理原则上不调动，因工作需要确需调动的，应在所属单位总经济师的监管下，将全部结算资料移交手续办理完毕后方可调离。若在以后的结算过程中，需要当事人解决，由企业人力资源部调配，发生的费用由原项目部承担。

项目部各部门均有收集和整理项目在履约过程中发生的索赔和签证事项义务，并整理汇总到商务合约部门。项目部相关部门的结算工作职责如下：

1）商务合约部：是工程预结算的主责部门，负责收集整理变更、签证、索赔资料，编制工程预结算策划书，编制工程结算书，负责过程结算的谈判，对工程结算的结果负主要责任。

2）工程管理部：负责工程变更、签证、索赔的资料收集汇总，负责整理项目竣工资料，负责工程结算所需工程资料的编制整理，参与编制工程预结算策划书，参与工程结算书编制，参与工程结算过程的谈判，对工程结算的结果负次要责任。

3）技术质量部：负责工程变更、签证、索赔的技术资料的编制、整理，负责工程结算的技术支持，参与编制工程预结算策划书，参与工程结算书的编制，参与工程结算过程谈判，对工程结算的结果负次要责任。

4）物资设备部：负责工程变更、签证、索赔的物资设备资料的编制整理，参与编制工程预结算策划书，参与工程结算书编制，参与工程结算过程的谈判，对工程结算的结果负次要责任。

5）安全环境部：负责收集国家与安全、环保相关的变更、签证、索赔资料，收集最新的国家、当地政府、行业对安全环保管理的政策要求，参与编制工程预结算策划书，参与工程结算书编制，参与工程结算过程的谈判，对工程结算的结果负次要责任。

（2）项目中间结算

1）中间结算的依据：

招投标文件、合同及补充协议书、发包人确认的工程节点、月进度报表及其审批表、施工图预算、施工图纸、施工组织设计或施工方案、设计变更、技术核定单、材料代用单、价格核定单、各类经济签证及索赔资料、发包人签署有效的其他经济文件、当地造价管理部门发布的有关政策性文件及规定、套用定额及计价文件等。

2）中间结算的内容：

中间结算编制说明（包括工程进度、工程量计算依据、套用定额及计价文件等）、合同内工程价款的计算、合同外工程价款的计算、变更价款的计算、签证价款的计算、索赔价款的计算、相关的工程量计算底稿及结算资料。

（3）项目竣工结算

1）竣工结算编制的依据：

招标文件及答疑资料、工程合同、补充协议及与经济有关的会议纪要、竣工图纸、设计变更、技术核定单、现场签证索赔资料、各种验收资料、发包方对材料设备核价资料、施工方案、政府部门发布的政策性调价文件及有关造价信息、中间结算及中间计量文件等。

2）竣工结算书的内容：

按合同约定竣工图纸范围内的工程造价、设计变更及签证索赔造价、争议及其他未解决事项造价。

3）竣工结算编制人员：

项目经理牵头协调各专业结算书的编制工作，商务合约经理和预算员具体负责结算书编制和汇总工作，需相关部门配合。

4）竣工结算书的评审：

结算书初稿由项目部进行初审，完善后的结算书按照分级授权原则上报企业进行评审和审批，经企业总经济师审批同意后下达结算目标值。项目部根据评审意见对结算书进行修改完善，在规定时间内向发包人递交经批准的竣工结算报告及完整结算资料。

4.3.4 商务谈判

在工程建设实践中，谈判的重要性不言而喻，但是却常常被人们忽略。好的谈判在项目初始阶段可以使项目的成功率大大增加，在投标签约时可以争取到更为有利的价格和合同条件，在项目执行过程中可以使项目进展更顺利，在发生纠纷时能够妥善化解纠纷，保护双方的友好合作关系和双方当事人的利益。当然，很多时候，商务谈判的过程也是一个利益权衡、心理较量、智慧和经验博弈、达成妥协的过程。

商务谈判简而言之即商务活动的当事人在商务活动中对于双方或多方之间存在分歧和争议的事件，通过讨论、协商、沟通等直接交流的方式，解决分歧和争议或达成某种商业目标的活动。谈判其实并不神秘，在日常生活中谈判随处可见，如在商场中购买某件商品就价格进行讨价还价等。在多数情况下，人们都会通过相互谈判，解决分歧，达成共识，只是生活中的谈判不像商业活动中那么正式。在商业活动中，谈判更是必不可少，绝大多数商业活动都要经过谈判阶段，才能最终达成一致，签约执行。在项目实施过程中的许多问题，也要通过谈判协商来解决。

1. 商务合约谈判的分类

商务合约谈判可以基于商务合约的不同阶段进行分类，具体的分类如下：

（1）招投标过程中的谈判：

在招投标的评标过程中，发包人招标机构可能会要求潜在的中标人澄清一些评标过程中发现的问题或疑问。在澄清过程中，评标机构可以要求投标人回答任何相关问题，并可提出补充要求，例如要求报送报价单中某些价目的单价分析，要求投标人提交某些关键的设备的技术数据或说明书，或其他商务方面的问题。有时，发包人会把这种答辩和正式投标的合同谈判结合起来。

投标人在与发包人进行书面或当面澄清时，对问题的答复应持慎重态度，因为这种答复将记录在案，并将构成投标人对投标文件的补充，构成合同内容的一部分。为此应当考虑所答复问题对自己投标的技术、商务报价的影响。在此前提下，答复过程中应有针对性地对评标机构的怀疑进行充分解释，努力宣传自己能力和投标报价的合理性，建立良好形象，促使该机构在下一步的评标过程中倾向于自己。

（2）合约签署前的谈判

大型建设工程项目，发包人通常在发出中标通知后仍然给予一段时间，与该承包人进行正式的合同谈判，最终敲定合同文本之后再签订合同。合同谈判是发包人实现其意图并达成合同的最后阶段。而合同谈判则是工程合同签订前，承包人唯一一次能和发包人进行双向谈判的机会，当然也要予以充分的重视和利用。

发包人的谈判目的：通过谈判与该承包人代表和相关技术人员接触，进一步确信该承包人在技术、经验以及资金、人力资源、物力资源和管理能力等方面确有实力，能圆满完成承包合同所规定的工作；在评标过程中可能对承包人的标价进行了修正，但仍需正式由承包人确认；讨论并共同确定某些局部变更，包括设计的局部变更、技术条件或合同条件的变更等，可能采用中标承包人的建议方案，或发包人有意改变一些商务和技术条款，这样可能导致合同基本条件及价格、质量标准和工期的变动，为此有必要与承包人通过谈判达成一致；对承包人标价中被认为不合理的价格进行核查和合理调整，使标价合理降低；将过去双方业已达成的协议进一步确认和具体化；发包人可能提出要求承包人降价，在双方自愿的基础上就价格进行调整。

承包人的谈判目的：与发包人澄清投标书中迄今尚未澄清的一些商务和技术条款，并说明自己对该条款的理解和自己的报价基础，力争使发包人接受对自己有利的解释并予以确认；争取尽可能改善合同条件，谋求公正，使自己的合法利益得到保护；对项目实施中可能遇到的问题（如税费，支付期限，图纸审查和批准）提出要求，力争将其写入合同条款，避免或减少今后实施中的风险；如果在谈判中，发包人对技术和商务做出变更，承包人则可相应提出价格调整。

从谈判双方的目的来看既一致又有矛盾。双方了解一旦签订了合同，对双方都构成了事实上的法律约束。因此，双方在谈判的过程中都很慎重；另一方面，经过相当长时间的投标和评标过程，承包人和发包人都花费了不少的精力和财力，在此阶段，双方都希望谈判成功。因此，双方既对立又相互妥协。

投标文件的所有商务和技术条款是双方合同谈判的基础，任何一方均有理由拒绝另一方提出的超出原投标条件的要求，因为投标前即应对投标文件中的合同条款进行认真的研究，并在投标书中给予确认。承包人在合同谈判中主要目的应是在一定条件下尽可能改善合同条件，防止产生意外损失，而不能寄希望于通过合同谈判解决所有问题。

（3）合约争议谈判

合约签署后，施工过程中合约双方可能因种种原因产生争议，也免不了进行商务合约谈判，只有当双方争议基本达成一致后，合约才能顺利履行完毕。在这个阶段的商务谈判中，承包方的主要目的是说服分包方让步，尽可能地维护承包方的利益。如果谈判前承包方有明确的谈判底线，则谈判的目的为双方达成一致；如果谈判前承包方没有明确的谈判让步底线，谈判的目的重在了解情况或说服发包方完全让步，不一定能达成一致。

2. 商务谈判的准备

（1）组建谈判小组

谈判小组应由熟悉建设工程合同条款、并参加了该项目投标文件编制的技术人员和商务人员组成，谈判小组的每一个人都应充分熟悉原招标文件的商务和技术条款，同时还要熟悉自己投标文件的内容。小组负责人（首席谈判代表）是决定合同谈判是否成功的关键人物，应认真选定。该负责人应具有合同谈判经验，良好的协调能力和社交经验，具有一定的口才、良好的心理素质和执着的性格，了解业务，熟悉合同文本。另外，聘请熟悉工程合同的专业律师参加谈判小组是有利的，因为在谈判合同商务条款和敲定合同文字时，往往对方也会委派律师出面谈判。

（2）事先了解谈判对手

不同的发包人由于背景不同，价值观念不同，思维方式不同，在谈判中采取的方法也不尽相同。事先了解这些背景情况和对方的习惯做法等，对取得较好的谈判结果是有利的。

（3）确定基本谈判方针

谈判小组应收集信息，分析发包人方面可能提出的问题，并对其认真进行研究和分析。此外还应尽量收集潜在竞争对手的投标情况并进行分析。对关键问题制定出希望达到的不同程度目标。

（4）谈判资料的准备

工程施工领域的商务谈判比较复杂，其中工程变更、工程索赔、价差调整等问题的谈判所占比重较大。该类谈判对资料的要求极高，是谈判的重中之重，直接关系谈判的成败，所以要求资料的依据充足、论证准确、计算精确、实事求是。一般情况下，如果发包人首先提出了谈判要点，承包人应就此准备一份书面材料进行答复。

（5）谈判的心理准备

除上述实质性准备外，对合同谈判还要有足够的心理准备，尤其是对于缺乏经验的谈判者。

和任何谈判一样，合同谈判是一个艰苦的过程。不会是一帆风顺的。对此一定要有充分的心理准备，为达到自己的既定目标要有力争成功的执着信念，还要有足够的耐心。

树立谈判勇气，敢于谈判。既然是谈判，就要是对等的，自己要按照"有理、有利、有节"的原则，通过解释自己的理由，说服谈判对手，不能企图强压对手；反之，当对方采取强压方式时，又要敢于拒绝，婉言提醒对方，按公平合理原则办事。

担心谈判失败而失去签约机会的想法是不必要的。应当看到，只有当发包人认为承包方是较为理想的选择时，才会确定授标并进行合同谈判，因此承包人是处于有利地位的。一般来说，发包人的谈判代表并不愿意使谈判真正陷入僵局或失败，因为谈判一旦失败，发包人也会浪费时间和金钱而造成被动。

3. 谈判技巧

合同谈判和其他谈判一样，是一种综合艺术，需要经验、讲求技巧。谈判中，应注意自己的谈判策略和技巧，也应时刻注意对方的动向。下面介绍一些简单的常用谈判技巧：

（1）反复强调自己的优势及特长使对方对自己建立信心。

（2）在价格谈判中根据对手的态度、心理状态、自己的价位和对方的价格底牌等，采用多种方式，例如对等让步、分项谈判等，进行讨价还价，在征得对方的让步后，掌握时机，选择适当价位或适当降价而成交。

（3）在心理上削弱对方。从一开始就坚持不让步，令对方产生畏难心理，进而达到对方放松条件的目的。

（4）"最后一分钟策略"。这是谈判中常见的方法之一，如宣称：如果同意这一让步条件就签约，否则就终止谈判或用限期达成协议给予对方压力等。遇到僵持的情况要冷静，通常应采用回旋的方法说明理由或缓和气氛。并通过场内外结合，动员对方相互妥协，或提出折衷办法等。

（5）抓住实质性问题，诸如工作范围、价格、工期、支付条件和违约责任等不轻易让步，但对一些次要问题和细节问题可以让步或搁置。

4. 谈判时的其他注意事项

为使谈判成功达到预期目的，除做好充分准备，制定好策略，掌握好谈判时机外，还应注意以下谈判基本礼仪和惯例：

（1）谈判中要注意礼仪、不卑不亢、以理服人、平等待人、谈吐得体、发言清楚、用词准确。

（2）要坚持原则，维护己方利益，但不能使用侮辱性词语和举动。

（3）当对方有过激言语或出言不逊时，既要克制又要敢于严正表态，维护尊严。

（4）谈判一定坚持双方均作记录，一般在每次谈判结束前双方对达成一致意见的条款或结论进行反复确认。谈判结束后，双方确认的所有内容均应以文字方式写进合同，并以文字说明该"会议纪要"或"合同补遗"，共同构成合同的一部分。

（5）坚持"统一表态"和"内外有别"，任何时候都不应把内部意见分歧在谈判会上暴露出来。

4.4 资金管理

4.4.1 现金流管理

工程开工前，项目部依据《项目策划书》、《项目部责任书》、项目合同等条件，测算工程收款及付款情况，预测项目实施期间现金流量，分析资金需求，编制《项目收（付）款计划表》和《项目现金流分析表》，见表4-1、表4-2。

在项目实施过程中，项目部按月度（或控制节点）分析资金流入、流出、项目进度、项目成本，对《项目收（付）款计划》和《项目现金流分析》进行动态管理，并建立资金预警机制，确保资金收支平衡。

企业对工程款的收支按"资金集中，以收定支"的原则进行资金平衡，项目部的现金流管理按照"计划先行，有据可依，有偿使用"的原则进行控制和考核。

项目预算外资金，须按照相关规定，经审批后支付。

项目收（付）款计划表 表 4-1

项目收（付）款计划					
项目名称				项目编码	

时间		收款计划		付款计划		资金余额（万元）
年	月	本月收款（万元）	累计收款（万元）	本月付款（万元）	累计付款（万元）	

综合说明：

编制		审核		批准	
日期		日期		日期	

注：收款时间按照主合同约定方式（月/节点）进行分解。

项目现金流分析表　　　　　　　　　　　　　　　　　　表 4-2

项目现金流分析																				
项目名称										项目编码										
项目开工日期				填报日期						第　次估算										
时间																				
内容	S	U	S	U	S	U	S	U	S	U	S	U	S	U	S	U	S	U	S	U
一、现金流估算情况																				
（一）计划现金流入																					
1.																					
2.																					
3.																					
……																					
（二）计划现金流出																					
1.																					
2.																					
3.																					
……																					
（三）计划资金余额																					
二、现金流实际情况																				
（一）实际现金流入																					
1.																					
2.																					
3.																					
……																					
（二）实际现金流出																					
1.																					
2.																					
3.																					
……																					
（三）实际资金余额																					
综合说明：																				
编制			审核			批准													
日期			日期			日期													

注：时间以月为单位，S—代表当期现金流；U—代表当期累计现金流。

4.4.2 工程收款管理

项目施工期间，项目部按合同约定方式按月度（或控制节点）向建设方提交完成工程量及收款申请，并及时催促建设方审核确权，按规定办理收款手续。

工程款回收由项目经理具体负责，项目部应做好工程款回收台账（回收台账内容应包含实际完成产值、报审工程量、业主审核批准工程量、按比例应收工程款、发票开具情况、已收工程款、应收工程款所属期限、应回收时间等具体内容）。

工程款未按合同回收时，项目部应分析原因，及时发出预警，制定相应措施和方案，积极与相关方沟通，完成清欠工作。

工程结算完成后，项目部制定工程尾款及质量保证金清收计划，项目经理为收款责任人。

项目应采取保函的方式替换回质量保证金。保修期结束及时撤销保函。

4.4.3 支付管理

项目部分包及分供款项的支付采取资金集中管理方式，项目部在预算范围内制定支付计划，上报企业。

项目部按照"项目物资与设备管理"和"项目分包管理"的要求，依据项目分包、分供合同约定，按月度（或控制节点）及时办理结算，并做好分包、分供结算支付台账（分包、分供结算支付台账内容应包括分包及分供单位名称、合同内容、累计结算金额、支付比例、按比例应支付金额、按结算应支付金额、发票金额、累计已支付金额、余额等内容）。

每月末，项目部应预计次月度的工程款收款金额，并在预计回收金额额度内提报次月度项目资金支付计划。

次月度项目资金支付计划内容包括：

（1）按照归集完整的分包、分供结算支付台账，选取符合合同支付约定的分包、分供单位提报支付计划。

（2）项目部预计次月需支付的直接、间接费用（如水电费、项目部人员工资、差旅费、税费等）。

项目部次月收到工程款后，在实收工程款金额额度内对已提报的次月度项目资金支付计划所列金额进行调整，并安排款项支付，由项目部发起，提报并出具支付申请单，经审核批准后财务资金部予以支付。

项目部对外付款时，应坚持无合同不付款、无结算不付款、无发票不付款、无预算不付款和审批流程不齐全不付款的原则。严禁向分包商、供应商超额支付款项。项目部在发起时应对以上条件予以审核，不符合条件的不予发起支付申请。

企业根据项目所在地政府部门要求配合项目建立并完善保障劳务人员工资支付机制。

4.4.4 备用金管理

项目部借支的备用金使用范围：如项目业务费、差旅费等。不得用于支付工程款项及购买材料等业务。项目据实、凭合规发票及时报销清理完前期所借备用金后，方可再次借支备用金。

项目备用金根据项目所在地的地域环境、交通、距企业总部远近等条件，限额借支，当月内核销完毕。

4.4.5　票据及税务管理

财务票据包括银行票据和非银行票据，银行票据是指支票、本票、银行汇票、商业汇票等，非银行票据是指各种税务发票、收据及有价证券等。

财务资金部作为财务票据管理责任部门，项目部使用票据时，需经财务资金部负责人批准后申请办理领用手续并登记备案。

项目部报销的各类票据必须是真实业务发生取得的合法、合规发票，经财务资金部审核后按流程报销。

项目部应根据合同约定方式按月度（或控制节点）提报的工程量经业主审批确权后，向财务资金部报备并提交开具税务发票的申请，财务资金部接到申请后，准备好相关开票资料，开具税务发票交项目部，由项目部做好业主的发票签收及发票登记工作，业主发票签收件交财务资金部留存。

4.4.6　工程担保、保险管理

项目在投标评审、投标承诺、合同谈判过程中，应确定采用履约保证金或履约保函、预付款保函、质量保证金保函的原则和策略。

投标阶段，应按照以下原则确定工程保函的格式：

（1）避免开立无条件见索即付保函。

（2）避免开立敞口（无固定失效期限）保函。

（3）在开具可转让保函时，应尽力争取建设方删除有关可转让条款，或增加限制性条款："在建设方转让该保函权益之前必须征得担保人（保函开具银行）的书面同意"，方可考虑出具。

（4）尽量避免直接使用现金形式保证金。

以工程承包联合体承建的项目，由联合体各方按比例分担保函或保证金。

对于分包商承担的分包工程，企业应按合同金额比例向分包商收取工程履约保函；当需向分包商支付预付款时，分包商应开具预付款保函。

项目优先采用有条件保函，风险较大的项目尽量不使用履约保证金。提供履约保函的项目要争取业主方提供对等的支付保函。

财务资金部在合同约定的期限内办理保函或保证金缴纳，和项目部建立台账共同监管保函或保证金账户至合同履行完毕，到期应及时办理保函撤销手续或退回保证金。

项目部应落实责任，制定措施，确保保函或保证金的安全。

填写《工程担保（保险）管理计划表》，见表4-3。

工程担保（保险）管理计划表　　　　　　　　　　　　　　表 4-3

工程担保（保险）管理计划					
项目名称				项目编码	

工程担保办理计划					
序号	招标或合同文件中有关担保的规定	需办理担保名称	提交担保最后期限	责任部门/人	备注

工程担保撤销计划									
序号	担保名称	标的	出具机构	有效期	撤销条件	风险	防范措施	责任部门/人	备注

工程保险管理计划							
序号	应办理工程保险种类	基本功能	预计费用	办理手续	责任部门/人	办理结果	索赔情况

工程担保（保险）管理总结

编制		审核		批准	
日期		日期		日期	

注：工程开工前按招标文件办理有关手续，项目部成立后，此表由项目部专人管理。

4.5　项目经理日常工作

4.5.1　日常管理工作内容

项目经理应认真学习和掌握工程项目管理的以下基本内容：

1. 建好工程项目管理组织

建好项目管理组织是项目经理的首要任务。工程项目管理组织是指为实现工程项目组织职能而进行的组织系统的设计、建立、运行和调整。组织系统的设计和建立是指经过设计，建立一个可以完成工程项目管理任务的组织机构（项目经理部），建立必要的规章制度，划分并明确岗位、层次和部门的责任和权利，并通过一定岗位和部门内人员的规范化的活动和信息流通，实现组织目标。高效率的组织系统是工程项目管理取得成功的组织保证；组织运行就是项目部各部门和岗位按各自分担的责任出色地完成各自的工作，搞好组织运行有三个关键：人员配置得力、业务联系严密、信息反馈及时；组织调整是指根据工作的需求和环境的变化，分析原有的项目组织系统的缺陷、适应性和效率，对原有的组织系统进行调整乃至重新组合，包括组织形式的变化、人员的变动、规章制度的修订和废止、责任系统的调整以及信息流通系统的调整等。

2. 做好项目规划与策划

规划是制定目标和安排如何完成目标的过程。项目经理必须很好地利用规划的手段，编制科学、严密、有效的工程项目管理规划，以达到提高项目管理高绩效的目的。

3. 做好工程项目目标控制

目标控制是工程项目管理的核心内容，也是项目经理的最主要任务。工程项目的控制目标也是工程项目管理规划的决策目标，主要包括：进度、质量、成本、安全、环境、职业健康等。

4. 做好组织协调

组织协调是在项目实施过程中，对项目各种关系进行疏通、协调和排除干扰的过程。项目协调的关系有三种：一是企业内部的关系，这是一种行政关系；二是近外层关系，即由合同形成的关系，如承包人和发包人的关系、总包与分包的关系、供需关系等；三是远外层关系，指没有合同关系的相关单位和部门，但因为法律规定和行政职责等原因和项目发生业务上的关联。当这些关系运作不畅或发生干扰时，就需要进行组织协调和疏通，以保证工程项目的正常进行。

5. 做好"四项"管理

（1）项目生产要素的管理。主要包括劳动力、材料、设备、资金和技术。工程项目生产要素管理的内涵包括：分析各生产要素的特点；按一定原则、方法对工程项目生产要素进行优化配置，并对配置状况进行评价；对各生产要素进行动态管理，使生产要素与项目的需求始终保持平衡和适应。

（2）合同管理。合同管理的要点是依法签订合同，依法履行合同，依法维护企业利益

（3）工程项目信息管理。建立信息管理系统，进行信息收集、处理、储存、应用和动态管理，要依靠信息进行决策。

（4）现场管理。现场是企业的窗口，项目经理要做好现场管理，以树立企业的良好形象。

6. 做好项目后期管理

项目后期管理指竣工验收、项目评估和回访保修工作等，其主要内容包括：

（1）工程清理。

（2）工程项目竣工检查、竣工验收及移交、资料整理及归档。

（3）工程项目竣工结算和决算。

（4）工程项目的总结、评估和分析。

（5）工程回访、保修。

4.5.2 工程例会

项目应定期召开工程例会，及时了解与解决施工过程中出现的各种问题，及时协调、平衡施工中的各环节、各专业、各工序，为工程准点、按质完工提供良好的内部环境。

项目经理组织项目部管理人员和作业队负责人以及项目部技术、质量、安全及相关人员召开项目例会，必要时邀请监理、业主参加。工程技术部负责项目例会纪要的整理、发放及与会人员的签到并形成书面纪要，项目经理签发到各有关作业队并存档。

项目周例会应解决如下问题：

（1）检查上周例会议定事项的落实情况，分析原因。

（2）检查上周进度完成情况，针对工程质量问题制定整改措施，提出下一阶段进度计划及落实措施。

（3）安排布置下周工作，提出具体工作要求。

（4）需要协调的有关事项及解决方案。

4.5.3 迎检管理

按照严格标准、精简实用、细致高效、文明严谨等工作原则，根据接待及活动的需要，项目书记负责制定接待及活动策划，确定标准、分工及责任人、时间、规格、安全措施、现场布置。对于重要接待及重大活动，项目经理要全权负责，参与撰写活动策划方案，召开协调会，确保各项准备工作就绪，并将活动策划报公司审批。

重要接待及重大活动在正式启动前，项目经理应对准备工作进行检验，制定应急方案以防突发性变化。

接待及活动结束后，项目经理要督促项目综合管理部门将策划、照片、影像、签名、礼品等资料整理归档。

4.5.4 生产管理

1. 进度管理

（1）项目部按照施工合同工期要求及施工节点要求编制总控制计划、节点控制计划、季进度计划、月进度计划，报企业相关部门、建设方、监理单位审批。

（2）项目部编制周进度计划、重要节点进度计划，并将计划落实到各参建单位及各工区或作业面。

（3）项目部应要求各分包单位向项目部提交相应的总进度计划、节点控制计划、季度和月度进度计划，报项目部审批后执行。生产经理严格监督各分包单位落实各自的计划，对分包工程进度实行监控。

（4）项目部对进度计划实行动态管理。当阶段计划影响合同总工期目标时，必须对影响因素作全面分析，将调整计划及保证措施方案上报公司（经理部）审批。

（5）项目部建立生产例会制度，每日检查和通报工程进展，安排生产计划，协调各方工作，形成会议成果，保证会议决议有效执行。

（6）若非我方原因造成工期延误，则将调整后的施工生产计划报监理、业主（建设单位）审批。

2. 技术管理

（1）项目技术管理工作内容

项目技术管理工作主要包括技术标准规范管理、图纸与设计管理、设计变更、施工组织设计和施工方案的管理、技术交底、技术复核、施工测量与计量管理、施工试验、项目技术资料、房间手册编制、新技术开发与应用、施工技术总结管理等。

（2）项目经理技术管理的重点工作

1）充分支持技术负责人开展技术管理工作，在制定生产计划、组织生产协调和重点生产部位管理等方面，发挥技术管理职能的作用。

2）根据项目规模设技术负责人，建立项目技术管理体系并与企业技术管理体系相适应。执行技术政策并接受企业的技术领导与各种技术服务，组织建立并实施技术管理制度。建立技术管理责任制，明确各岗位人员的技术责任。

3）认真组织图纸会审，主持制定施工组织设计，指导并规范工程洽商。根据工作特点与关键部位情况，考虑施工部署与方法、工序搭接与配合（包括水、电、设备安装及分包单位间的配合）、材料设备的调配，组织技术人员审查图纸并参与讨论，决定关键分项工程的施工方法和工艺措施，对于所出现的施工操作、材料设备或与施工图纸本身有关的问题，及时与建设单位及设计部门进行沟通、办理洽商手续或设计变更。

4）重视技术研发工作，对重要的科学研究、技术改造、技术革新与新技术试验等项目进行决策。

5）定期主持召开生产技术协调会，协调工序间的技术矛盾、解决技术难题以及布置任务。

6）经常巡视施工现场和重点部位，检查各工序的施工操作、原材料使用、工序搭接、施工质量及安全生产等各方面的情况。总结经验、找出薄弱环节，提出注意事项及整改措施。

（3）技术标准、规范管理

项目经理部负责工程所在地的地方标准、规范的识别，并定期上报企业技术管理部门备案。建立本项目范围内适用的技术标准、规范清单目录，并定期发布。

项目总工程师在项目开工前，制定满足施工所需的技术标准、规范配置计划，报请公司技术质量部进行配置。项目总工程师统一领取后，由项目资料员负责技术标准、规范的发放、借阅、作废、回收。

（4）图纸会审管理

1）图纸登记、发放和借阅

施工图纸应由业主在开工前一个月提供，图纸数量应能满足工程施工要求。由项目经理部资料员负责收发，并做好图纸收发记录。图纸应按用途发放给项目各有关专业人员和施工班组。图纸变更时，由各图纸持有人将变更内容标注到现场所有的图纸上，并在图纸变更部位加盖变更章，注明"此处有变更"字样，注明变更通知单、设计洽商单编号及图纸会审记录序号。当图纸整张作废时，应加盖图纸作废章，由项目资料员回收并换发新图纸，做好记录。

2）图纸会审

在图纸发放一个月内，由项目总工程师组织项目管理人员、作业层骨干学习、了解建设规模、设计意图及质量和技术标准，明确工艺流程等。

图纸会审前由项目总工程师组织项目管理人员参加图纸、设计文件预审，各管理人员按分工提出对图纸的疑问。预审后由项目总工程师汇总整理记录，形成图纸预审文件。

图纸会审由建设方组织，设计、监理、施工等单位参加。项目经理部项目经理、总工程师及其他参加图纸预审的人员参加图纸会审及设计交底。

3）图纸审核要求

① 项目经理部技术质量部门根据图纸会审意见及结论于图纸会审后5个工作日内形成正式图纸会审记录，由建设单位、设计单位、监理单位、施工单位等签字、盖章后执行。图纸会审记录表格应采用当地归档要求使用的表格。

② 图纸会审记录正式文件后，由项目资料员负责保管和发放。在3个工作日内发至所有图纸持有人、部门及分包单位，项目总工程师于5个工作日内组织专业人员（含分包单位）进行书面交底。图纸会审记录原件由资料员负责保存，并做好文件的收发记录。

③ 图纸持有人应将图纸会审内容标注在图纸上，注明修改人、修改日期和依据的图纸会审记录编号及相应内容条款编号。

（5）项目设计管理

1）项目部应按设计计划的要求，确定项目设计负责人、时间进度、关键节点、审核人员等内容。

2）当存在图纸达不到直接施工深度，节点选用不符合工艺要求，不能反映专业、工序之间交叉协调部位、做法或空间关系，建筑、结构、机电、装饰、预留预埋部位不明确等问题时，施工单位需要进行深化设计。

3）深化设计分为总包方范围和专业分包单位施工内容的深化设计，由施工责任主体组织深化设计。

（6）设计变更

1）凡在图纸会审时遗留或遗漏的问题，或在施工过程中新发现的设计问题，或提出工程设计改进的合理化建议，或工艺要求及其他原因引起的设计变动，应通过设计变更来解决。

2）设计单位提出的设计变更以设计变更通知单的形式通知施工单位、建设单位、监理单位；建设单位提出的设计变更，由建设单位通知设计单位出具工程变更通知单，并通知施工单位、监理单位。设计变更经建设单位审批后实施，重大设计变更未经审图单位审定，不得施工。

3）施工单位提出设计变更要求时，应出具设计变更联系单。设计变更联系单的主要内容应有变更原因、变更内容、原设计图号，其内容要详尽清楚，应尽可能附图。

（7）技术核定

1）在施工过程中发现施工图有错误，或按原施工图施工有困难，监理和施工单位有合理化建议，须设计单位和建设单位确认时，应通过技术核定解决。

2）技术核定单由项目各专业工程师负责填写，项目总工程师审核，项目经理负责审批。

3）技术核定内容应包括核定部位、标高、轴线位置、有关图纸编号、分部分项名称、核定的内容、处理意见和办法等。技术核定单的内容要齐全、确切，文字要简练，图示要清楚。

4）技术核定问题应在组织有关人员讨论确定后，由项目技术人员负责将技术核定单提交设计单位、建设单位、监理单位，由建设单位负责组织设计单位等相关单位进行技术核定，经签字盖章认可后方能生效。合同有明确要求时执行合同要求。

（8）变更管理

1）工程变更由项目资料员负责收发、保存、统一编号和记录。工程变更应及时发至相关单位及图纸持有人，图纸持有人应及时在施工图纸对应部位标注工程变更的日期、编号、更改内容和依据等。所有工程变更单均应做好收、发记录和签收工作。

2）项目总工程师在设计变更签收 24 小时内组织项目合约、工程、技术、质量等管理部门及相关人员进行评审和交底，并形成记录。重大设计变更还应及时上报给上一级合同主管部门。若对项目施工产生影响，须及时与建设单位办理签证。

3）工程变更经签证后作为结算的依据。

（9）施工组织设计和施工方案管理

1）施工组织设计按照《建筑工程施工组织设计规范》GB/T 50502 及项目策划书等要求进行编制，按企业规定的程序进行审批。施工组织在实施过程中进行动态管理，如果发生较大修改则应按照原审批程序进行审批。

2）施工方案包括绿色施工技术方案、专项技术施工方案和专项安全施工方案。专项安全施工方案又分为一般性专项安全施工方案、危险性较大工程安全专项施工方案和超过一定规模的危险性较大工程安全施工方案。

3）项目总工程师在工程开工前制定《项目主要技术方案编制计划》，并组织施工方案编制，项目专业工程师以及有关人员参加编写，在专项工程施工前编制并完成审批。需专家论证的专项方案，应提前完成编制。

4）分包工程施工方案，由分包单位自行编制并审核后，报总承包单位，按照要求进行审批后才可以组织施工。总承包方要统一收集齐全，以备监督和存档。

5）施工方案必须同本工程实际施工情况相结合，要求具有针对性，并同时考虑经济性与适用性。施工方案的编制应符合国家、地方和行业有关的法律法规、技术标准、规范、规程及有关规定的要求。

（10）交底管理

技术交底是具体指导施工操作的技术文件，是贯穿施工全过程的一项工作，其主要工作内容包括：施工组织设计、专项施工方案、安全技术、分部分项工程施工技术交底。

3. 质量管理

（1）项目经理是工程项目质量第一责任人，领导项目施工人员有序工作，全面履行合同。在工程项目质量管控中，项目经理责任主要如下：

1）保证国家、行业、地方的法律、法规、技术标准以及上级单位的各项质量管理制度在项目的实施中得到贯彻落实。

2）按照企业的有关规定，建立施工项目的质量管理体系并保持其有效运行。

3）贯彻落实企业工程质量目标和质量计划，执行合同质量目标并确定项目质量目标，实施创优策划。

4）组织项目有关人员编制施工组织设计、专项施工方案或技术质量保证措施，并组织具体实施。

5）召集并主持项目部质量专题会议，牵头落实工程质量检查与验收。

6）发生质量事件、事故时，及时向上级报告工程质量事件、事故情况及原因初步分析，配合有关部门进行事故调查和处理。

7）落实好项目经理的质量责任，在工程设计使用年限内，承担相应的质量终身责任。

（2）项目经理质量控制主要内容

项目经理组织项目部进行质量控制应依次完成下列工作内容：

1）确定项目质量目标。项目质量目标是指项目在质量方面所要达到的目标。一般说来，该目标是指质量验收标准的合格要求，即根据国家标准《建筑工程施工质量验收统一标准》GB 50300 规定，达到分项工程、分部工程和单位工程的质量验收标准。有时项目质量目标是发包人提出的质量要求，发包人在实施质量标准的前提下，也可以根据企业的经营方针确定质量目标。

2）编制项目质量计划。项目质量计划是规定项目质量控制时，根据所使用的程序和相关资源所形成的文件，这些程序通常包括所涉及的质量管理过程和工程实现过程。通常质量计划引用质量手册的部分内容和程序文件。质量计划通常是质量策划的结果之一，对施工项目而言，质量计划主要是针对特定项目所编制的规定程序和相应资源的文件。

3）实施项目质量计划。项目质量计划实施通常是按阶段进行的，包括施工准备阶段的质量控制、施工阶段的质量控制和竣工验收阶段的质量控制。

4）进行项目质量的持续改进与检查、验证。项目检查、验证，是对项目质量计划执行情况组织的检查、内部审核和考核评价，目的是验证其实施效果。对考核中出现的问题，应召开有关专业人员参加的质量分析会，并制定整改措施。

（3）项目主要质量管理制度

原材料、半成品和各种加工预制品的检查制度；工序三检制和例行质量检查制度；样板制；隐蔽工程验收制度；预检制度；检验批、分项、分部及单位工程质量检查验收制度；质量例会制度；质量奖罚制度；质量事故报告和处理制度等。

（4）质量验收的相关内容

建筑工程质量验收是在施工单位自行质量检查评定的基础上，参与建设活动的建设、设计（勘察）、监理、质量监督等单位共同对检验批、分项、分部及单位工程的质量进行抽样复验，根据相关标准以书面形式对工程质量合格与否做出判断。具体包括以下方面：

1）检验批质量验收。检验批是工程验收的最小单位，也是分项、分部及单位工程验收的根据。检验批可根据施工及质量控制和专业验收需要，按楼层、施工段、变形缝等进行划分。

2）分项工程质量验收。分项工程应按主要工种、材料、施工工艺、设备类别等划分。例如建筑工程的主体结构分部工程中的混凝土结构子分部工程可以划分为模板、钢筋、混凝土、预应力、现浇结构等分项工程。建筑设备安装工程的分项工程，一般按用途、种类及设备组别等划分，如室内给水管道安装工程、通风风管及部件安装工程、电梯导轨组装工程等。分项工程可由一个或若干检验批组成。

3）分部工程质量验收。分部工程的划分应按专业性质、建筑部位确定，当分部工程较大或较复杂时，可按材料种类、施工特点、施工程序、专业系统及类别等划分为若干子分部工程。按国家现行质量验收规范，建筑工程单位工程一般划分为地基与基础、主体结构、建筑装饰装修、建筑屋面、建筑给水排水及采暖、建筑电气、智能建筑、通风与空调、电梯等九个分部工程。前四项为土建分部，按建筑部位划分，后五项为机电工程，按专业性质划分。每个分部工程是由有关子分部工程和分项工程组成。如地基与基础分部工程包含无支护土方、有支护土方、地基及基础处理、地下防水等子分部工程（无支护土方子分部工程由土方开挖、土方回填等分项工程组成）。

4）单位工程是在分部工程质量验收合格的基础上进行验收的工程。工程完工后，项目经理应首先组织项目部各有关部门及分包单位进行自检，撰写工程验收报告，报企业质量主管部门组织核查，申请监理单位进行竣工预验收合格后，建设单位组织设计、监理、施工单位等进行工程质量竣工验收，验收记录必须有各单位签字盖章。竣工验收和政府相关部门（如消防、人防、电力等）验收后，进行竣工备案，方可交付使用。

（5）项目质量管理的具体要求

1）检验与试验

项目开工前，项目部组织编制物资设备进场计划、工程检验批划分及验收计划，确认验收依据、检验和试验内容等。

物资设备进场按规定组织进行进场验证，需要取样送检的物资设备和过程产品应按规范规定进行取样送检。

项目部应建立项目检验、试验台账，试验报告由项目部资料员存档。

2）质量控制

工程施工前，项目部将质量目标、质量保证措施向工区或作业面工程师交底，各工区或作业面工程师对作业队进行技术交底，并在施工过程中对施工班组进行监督指导。

项目部应对特殊过程进行控制，对关键工序应明确操作工人、施工机具、工作环境及检验标准。

质量工程师对施工过程的"人、机、料、法、环"进行监督、检查，发现偏差时应立即纠正并责令整改。

当发生质量问题时，项目部应组织评审，确认问题的影响程度及原因，制定处理方案并实施；当发生质量事故时，项目部应按规定及时上报和处置。

项目部对进场原材料、半成品、中间产品、施工过程已完成工序、分项工程、分部工程及单位工程等，从工程开工到工程竣工交付的全过程进行成品保护。

3）质量验收

物资进场验收按物资设备进场验收计划执行，工程检验批验收按工程检验批划分及验收计划执行，工程质量验收按国家和行业标准执行。

工程竣工验收由企业组织进行自检，自检合格后提交预验收，预验收合格后进行正式验收。

4）质量改进

企业和项目部在实施过程中应收集质量信息，分析不合格品产生的原因，制定纠正与预防措施，实施质量改进。

企业和项目部应通过 QC 活动、"四新"技术应用等手段不断提高项目质量管理水平。

4. 安全与职业健康管理

（1）一般规定

1）遵照住建部《建筑施工企业安全生产管理机构设置及专职安全生产管理人员配备办法》及企业的相关制度等规定实施项目部安全生产及职业健康管理。

2）项目部应按相关规定及项目部实施计划，足额配置项目专职安全管理人员，建立健全项目部安全生产责任制，在与企业签订安全生产责任书的基础上与项目各分包、分供商、项目部各岗位签订安全生产责任书，进行危险源管理，确保安全生产费用的投入。

3）项目经理为项目部安全生产的第一责任人，项目部安全总监应负责协助项目经理抓好安全生产，项目部领导班子成员要同时对分管工作范围内的安全生产工作负责。

4）项目部应建立安全生产领导小组，由总包、专业承包、劳务分包项目经理、项目技术负责人、安全总监或专职安全员组成，并应承担相应的安全生产职责。

5）项目部应做好安全教育及培训工作。

6）项目经理、安全管理人员、特种作业人员等均应按规定持证上岗。

（2）日常管理

1）项目部按照项目部实施计划及相关安全管理规定的要求，分阶段、工区、作业面、工种等进行分级安全交底，并签字确认。

2）项目部应按照企业的相关规定，根据现场情况做好现场安全防护，设置安全警示标志。

3）项目部应按规定配备个人防护用品，并对日常使用情况进行监督检查。

4）企业和项目部应履行领导带班制度，按规定开展日常巡查、专项检查、季节性检查、节假日前后检查、定期检查和不定期抽查，做好安全检查记录，发现安全事故隐患，及时按规定报告，并组织相关责任人及时消除安全隐患。对违章指挥、违章操作的应当立即制止。

5）项目部应当定期召开安全例会，对安全检查信息进行分析，制定改进措施并监督实施。

6）项目进行危险作业时，工区或作业面工程师向项目部安全部门提出危险作业申请，经批准后方可实施危险作业活动，项目部安全生产监督管理部门对危险作业活动连续监控。

7）机械设备和施工机具应在使用前进行安全符合性查验，并在使用过程中按规定组织做好监督，并进行检查、维修和保养。

8）项目部按规定做好职业健康及卫生防疫工作。

（3）预警管理

1）项目部必须配备专职或者兼职安全生产应急管理人员，配备必要的应急装备、物资，危险作业必须有专人监护。

2）企业及项目部必须开展从业人员岗位应急知识教育和自救互救、避险逃生技能培训，并定期组织考核。

3）项目部必须向从业人员告知作业岗位、场所危险因素和险情处置要点，高风险区域和重大危险源必须设立明显标识，并确保逃生通道畅通。

4）项目部必须确保从业人员享有在发现直接危及人身安全的紧急情况时停止作业，或者采取可能的应急措施后撤离作业现场的权利。

5）项目部必须编制应急预案，并定期组织应急救援演练。

6）项目部必须在险情或事故发生后第一时间做好先期处置，及时采取隔离措施和疏散措施，并按规定立即如实向当地政府及有关部门报告，同时须预防或减少随之引发的次生灾害。

（4）事故报告及处置

按照相关规定，项目部应及时、如实报告生产安全事故，负责事故现场保护和伤员救护工作，配合事故调查和处理。

（5）消防管理

1）项目部应按照项目部实施计划和消防专项方案，明确消防工作责任，设置消防通道、消防水源，配备消防设施和灭火器材，并在施工现场入口处设置明显标志。

2）企业和项目部应对现场消防工作进行检查和巡查，对消防设施和灭火器材进行检查和维护，消除隐患。

5. 环境管理

（1）明确项目环境管理工作责任，配置管理人员，配备环境监测设备，落实环境管理、绿色施工和节能减排措施。

（2）项目部应对项目环境因素进行识别，确定重要环境因素，并对重要环境因素的控制情况进行检测及预警，对发现的问题及时纠正、整改，并做好记录。

（3）项目部定期对污水排放、混凝土消耗、木材消耗、纸张消耗、水电消耗、燃料消耗等进行有效计量和统计分析，掌握环保数据。

（4）在项目实施的有关阶段进行环境事件应急救援演练，检验应急救援应变及实施能力，完善应急救援方案。

（5）应对发生的紧急情况和事故做出响应，预防并减少随之产生的有害环境影响。

（6）发生环境事故应及时、如实报告，负责事故现场保护和采取防止污染扩大的措施，配合事故调查和处理。

6. 物资设备管理

（1）一般规定

1）项目物资设备的采购应符合企业的相关规定。

2）物资设备的采购必须选用列入企业合格分供商名录中的供应商。

（2）分供商管理

1）分供商应向企业的相关部门提出合格供应商申请，并提供资质证明文件等相关材料。

2）企业相关部门对申报资料进行初审合格后，组织企业相关部门对分供商进行资格审核、现场考察。考察的重点是企业资质、生产及供应能力、生产工艺、质量管理、环境管理、职业健康及安全管理、业绩、售后服务、产品质量维护等情况，并形成考察报告。分供商必须具有一般纳税人资格。

3）考察合格的分供商经企业批准后，进入企业合格分供商名录。

4）项目部在日常管理中应详细记录各分供商供应的物资设备进出场、使用、管理情况，物资设备款支付情况的统计分析和物资设备使用管理情况，并进行分析，找出问题和不足，并制定整改措施。

5）项目部对物资设备分供商进行过程考评，企业对分供商进行年度考评。考评的主要内容应包括：资信情况、供应的及时性、供应物资设备的质量、售后服务等。

（3）物资设备需用计划

1）项目部根据项目部实施计划，向企业申报物资设备需求计划，企业组织物资设备的采购或调拨。

2）对于建设方提供的物资设备，项目部应按合同约定及施工进度计划向建设方提出物资设备需求计划。

（4）物资设备招标采购

按企业的相关规定执行。

（5）物资设备进场检验、贮存、使用及盘点

1）项目部物资部门按照物资采购进场安排，组织物资进场验收。验收内容包括材质证明、产品合格证、规格型号、数量、外观、质量等。

2）当需要在供应商处对所采购的物资进行验证时，企业应在采购合同中明确验证的安排和放行的方法，组织相关人员到供应商处对所采购物资进行验证并做好验证记录。

3）周转料具进场时及使用过程中应进行安全性能检查，按规范要求进行复试。

4）物资的检验和试验应按相关技术规范、标准的要求执行。

5）项目部要按施工平面布置及物资设备贮存、运输、使用、加工、吊装的要求设置物资贮存的位置和设施。

6）项目部材料工程师对已进场的验收合格的物资建立物资进出库台账，正确标识，记录规格型号、进出库情况，防止库损或变质。并根据质保期限，按"先进先出"原则办理物资发放，对过期、变质物资进行登记、申报并追踪处理。

7）项目部对现场物资实现限额领料制度，控制物资使用，材料工程师按照领料单点交实物，办理出库手续，并定期对物资使用及消耗情况进行盘点。

8）对于建设方提供的物资，项目部还应单独建立台账，办理质量、数量、价格等签认手续，并按合同规定清理、对账、结算。

9）项目应建立周转料具使用台账，定期盘点，保证账物相符，并按时按量回收。

（6）施工设备管理

1）企业根据项目施工设备需求计划，通过采购或内外租赁方式为项目提供所需的施工设备。

2）项目部根据现场的实际需要，有计划地组织施工设备进退场，编制进退场安拆专项技术方案，经企业批准后方可实施。

3）施工设备进退场时，项目部要对其完好状态、安全及环保性能进行验收，验收时出租方、承租方、安装单位、项目部设备工程师要共同到场验收签字，项目部设备工程师做好验收鉴定记录。

4）项目部按照施工总平面图和施工进度的要求运输、布置、停放、安装和操作施工设备进退场。

5）项目部设备工程师对施工设备操作人员进行资格管理，执行班前安全教育、岗位交接、设备日常保养等制度。

6）设备使用过程中，设备工程师要根据情况进行过程监督或巡查工作，并做好设备使用各项费用的统计。

7）项目部应建立施工设备安全岗位责任制、施工设备安全监督检查制度，设备工程师定期进行设备安全检查，消除隐患，并做好检查记录。

（7）分供商结算

项目部按合同约定和企业的相关规定，与分供商办理过程结算，合同约定内容完成后，办理最终结算。企业审核后，办理支付手续。

7. 项目综合事务管理

项目综合事务主要涉及印章管理、办公及生活秩序管理、法律事务管理、CI 管理、资产管理、重大活动及安保等工作。

项目部应制定项目部综合事务管理计划，编制《项目综合事务管理计划编制任务表》，见表4-4，明确责任部门和人员，保障综合事务有序进行。

项目综合事务管理计划编制任务表 表4-4

项目名称			
序号	计划名称	完成时间	责任部门/人
1	临建设施配置管理计划		
2	CI 设施配置管理计划		
3	办公设备、用品配置管理计划		
4	生活设备、用品配置管理计划		
5	安保人员配置管理计划		
6	项目重要活动管理计划		
7	项目法律事务管理计划		
8	项目党群工作管理计划		
…	…		

（1）印章管理

企业应制定项目部印章使用管理制度，明确界定使用权限、保管责任、变更、回收及销毁的具体办法，项目部应按照企业规定严格执行并建立印章使用台账。

项目部印章可用于与政府、业主、监理方的往来函件签章、备案、工程变更签证、工程档案、工程验收、资料移交等用途。

项目部组建后，项目经理在企业办公室或其他规定的印章管理部门去申请印章印模，企业办公室在刻制完成后按照企业的管理制度发放给项目经理部，项目经理应办理相关领用手续。一般项目部印章共三枚：×××项目经理部章、×××项目经理部技术专用章、×××项目经理部财务专用章。

（2）办公及生活秩序管理

项目部按照企业的相关制度要求，对人员考勤、节假日值班、保密工作、外来人员等实施有效管理，建立良好的秩序。

项目部应对生活服务设施及用品、办公设施及用品、环境卫生及防疫等实施有效管理，保持良好的生活办公环境。

（3）法律事务管理

企业和项目部应按照企业的相关制度，对项目法律事务进行有效管理。

（4）资产管理

资产管理包括办公生活设施、临建设施、交通工具、通信设备等，企业应根据项目实施计划为项目配置资产。

项目部应按照企业的制度要求，对资产进行登记、管理及维护。

（5）重大活动管理

项目部应按照项目部重大活动管理计划的要求，制定重大活动的专项实施方案，确定责任人、时间、规格、安全措施、现场布置、应急措施等内容，报企业审定批准后实施。

重大活动结束后，应将照片、影像等资料整理归档，做好总结。

（6）安保工作

项目部应按照项目实施计划中有关项目安保管理的要求，配备人员、设备及器械，落实安保责任。

项目部安保人员应按照规定做好治安保卫、消防安全、交通安全、财产安全、现场出入管理、突发事件处置、日常巡逻等工作，并做好记录。

（7）企业品牌维护

企业和项目部应按照企业品牌管理、CI管理等相关规定，维护企业品牌，展示企业形象。

企业和项目应依据企业的文化管理、行为规范等相关规定，弘扬企业文化，规范员工行为。

作为企业形象展示的窗口，项目部应做好施工现场CI整体策划、实施、检查、维护、考评工作。项目部应增强危机公关意识，制定危机公关预案，在项目施工、管理过程中做好危机公关的培训、预防、处理、考核工作。同时，项目部应根据企业宣传工作的要求，做好项目部的宣传工作。

4.6 信息与沟通管理

4.6.1 信息识别

项目信息是指与项目管理过程相关的各类数据、文件、资料等的统称。相关方是指与企业或工程项目有关的政府部门、建设单位、设计单位、监理单位、企业员工、分包分供商、社会团体、媒体及项目周边单位和居民等。项目部应根据项目实施全过程管理的需要，分析与企业、相关方的相互关系、信息往来的情况，编制《项目部信息识别表》，见表4-5。

项目部信息识别表   表 4-5

项目名称						
信息名称			时间	联系人	责任人	审批人
一、与企业有关的信息						
企业至项目	1	项目投标资料				
	...					
项目至企业	1	项目实施计划				
	...					
二、与建设方有关的信息						
建设方至项目部	1	施工图纸				
	...					
项目部至建设方	1	进度报量及付款申请书				
	...					
三、与设计方有关的信息						
设计至项目部	1	设计变更通知				
	...					
项目部至设计	1	图纸会审纪要				
四、与监理方有关的信息						
...						
五、与政府部门、行业管理机构有关的信息						
...						
六、与社区及公共服务部门有关的信息						
...						
七、与分包及劳务有关的信息						
...						
八、与供应商有关的信息						
...						
九、项目部内部主要信息						
...						

4.6.2 信息管理

项目部应按照《项目部信息识别表》,明确信息管理工作内容、管理责任、传递流程及管理要求,反映企业内部信息流和有关的外部信息流及各有关单位、部门和人员之间的关系,有利于保持信息畅通。

项目部应配备必要的计算机软硬件,利用信息技术优化信息结构、存储媒介和流程,提高项目部信息管理效率。项目部应运用企业建立的项目管理信息系统实现企业与项目部对项目全过程的动态管理。项目部应建立合同管理、成本管理、进度管理、质量管理、安全管理、环保管理、材料设备管理、技术管理、分包劳务管理等数据库。

项目部应明确重要会议信息处理的要求,做好计划、记录及会议结果处理反馈。制定信息安全与保密措施,应用必要的技术及手段确保网络安全,防止信息在传递与处理过程中的失误与失密。

4.6.3 沟通管理

项目部应根据项目部信息识别及与相关方的沟通需求,编制项目部沟通计划,明确沟通方式、途径及内容等。

内部沟通是指项目部与企业、项目部内部的各部门和人员之间的沟通与协调。可采用口头、书面、会议、培训、检查、报告、考核与激励等方式。

外部沟通是指企业和项目部与各外部相关方进行的沟通。外部沟通应依据项目沟通计划、合同、法律法规、社会责任和项目具体情况等进行。可采用口头、电话、传真、信函、电子邮件、会议、检查、媒体宣传和报告等方式。

各种内外部沟通形式和内容的变更,应按照项目沟通的要求进行管理,并协调相关事宜。

项目部沟通结果应形成记录并保存。

企业和项目应做好相关方关系的维护工作,接到相关方的意见或投诉时,应按制度及流程进行妥善处理。

项目部应定期评价与建设方、分包分供商等相关方的合作情况,形成书面报告,向企业报送评价结果。

4.7 工程收尾

4.7.1 工程收尾的内容和计划制定

在项目管理过程中,项目经理往往忽视项目的收尾阶段管理,认为剩余的工程量不大,对项目施工组织及人员管理松散,施工组织设计和施工方案对剩余的资源利用不合理,造成项目经营效益的损失。收尾阶段的项目管理作为项目管理的重要组成部分,对项目的成本控制和二次经营效果起决定作用,它和项目其他工作与任务一样均应纳入项目计划并按照计划落实。正常情况下,一般工程在计划竣工验收前3~4个月就进入了项目收尾阶段。

项目部进入收尾阶段时，应制定《项目收尾工作计划表》，见表4-6，明确责任人（部门）、工作事项和完成期限。项目收尾工作主要包括工程清理、工程竣工验收及移交、工程资料归档及移交、项目资产及剩余物资处理、工程竣工结算、工程款回收、工程保修、项目总结、成果认定、项目部撤销等。

项目收尾工作计划表 表 4-6

项目名称				
序号	工作项目	是否需要工作方案	责任部门/人	完成时间
1	工程收尾	是□否□		
2	工程移交申请	是□否□		
3	工程档案资料移交	是□否□		
4	办公设施清理	是□否□		
5	生活设施清理	是□否□		
6	材料及机械设备清理	是□否□		
7	道路清理	是□否□		
8	场地清理	是□否□		
9	工地周边公共设施还原	是□否□		
10	人员撤离	是□否□		
11	合同收尾及结算清理	是□否□		
12	项目保函、保证金清理	是□否□		
13	分包工作清理	是□否□		
14	通信及网络报停	是□否□		
15	项目成本还原	是□否□		
16	项目总结	是□否□		
……	……			

4.7.2 工程清理

项目部根据项目收尾工作计划进行工程清理，工程清理包括未完成工程清理、临时设施拆除、场地恢复等工作。

1. 未完成工程清理

（1）工程完成状态摸查

在收尾工作开始前，要对工程完成的状态进行全面地摸底，查清未完成项目，未开始项目，须变更项目，因质量缺陷需要整改项目。要按单位工程，分部分项工程逐一列出，列出项目名称、缺陷状态、原因、需要的材料、目前库存情况、需要的机具及库存情况、作业人员数量和工种等。

（2）制定消项收尾工作计划

收尾计划要采取消项计划的方式，按单位工程、分部分项工程逐一规定完成时间，明确负责的专业责任工程师、责任分包队伍或班组及验证人员，完成一项消除一项。

（3）制定收尾整改工作方案

对于收尾阶段，项目管理人员要对本项目的施工图纸、设计变更、项目既有的人、材、机资源、已完工程量、未完工程量等进行统一地梳理，编制收尾阶段的施工组织设计或施工方案。编制的施工组织设计或方案要充分考虑项目既有劳动力资源、机械设备的配置、剩余材料等因素，减少作业人员反复进场次数，充分利用项目现有资源，在满足工期质量的前提下，尽可能降低施工成本。

（4）召开每日例会

项目部应每日召开收尾工作专题例会，对收尾工作的进度、资源配置等情况进行督导和协调，发现问题及时作出处理，确保收尾工作按计划有序推进。

2. 临时设施拆除、场地恢复

在工程收尾的同时，按照项目收尾工作计划开展临时设施拆除与场地恢复工作。

4.7.3 竣工验收

1. 工程竣工验收具备的条件

（1）完成工程设计和合同约定的各项内容。

（2）项目部在工程完成后对工程质量进行检查，确认工程质量符合有关法律、法规和工程建设强制性标准。符合设计文件及合同要求，并提出工程竣工报告。

（3）监理单位对工程进行质量评估，具有完整的监理资料，并提出工程质量评估报告，工程质量评估报告应经总监理工程师和监理单位有关负责人审核签字、盖章。

（4）勘察、设计单位对勘察、设计文件及施工过程中由设计单位签署的设计变更通知书进行检查，并提出质量检查报告。质量检查报告应经该项目勘察、设计负责人和勘察、设计单位有关负责人审核并签字、盖章。

（5）有完整的技术档案和施工管理资料。

（6）有工程使用的主要建筑材料、建筑构配件和设备的进场试验、检测报告。

（7）建设单位已按合同约定支付工程款。

（8）有企业与业主签署的工程质量保修书。

（9）城乡规划行政部门对工程是否符合规划设计要求进行检查，并出具认可文件。

（10）有公安消防、环保等部门出具的准许使用文件。

（11）建设行政主管部门及其委托的工程质量监督机构等有关部门责令整改的问题全部整改完毕。

2. 工程竣工验收的程序

（1）工程完工后，由项目经理部向企业的生产部门递交工程竣工报告，由企业的生产部门会同质量等部门对工程进行预验收，发现问题下达整改通知。

（2）整改工作完成并经上述部门验收后，由企业的生产部门向建设单位提交工程竣工报告，申请工程竣工验收（工程竣工报告应经项目经理和施工单位有关负责人审核签字）。工程竣工报告须经总监理工程师签署意见。

（3）建设单位收到工程竣工报告后，应按相关规定组织工程竣工验收。

（4）参与工程竣工验收的建设、勘察、设计、监理、施工单位等各方因工程质量缺陷不能形成一致意见时，应当协商提出解决方案，待意见一致后下达整改通知，项目经理部应立即组织人员进行整改，整改完成经上述五方责任主体验证后，重新组织工程竣工验收，签署工程竣工验收合格报告，办理工程竣工移交手续。

4.7.4 工程资料归档和移交

在项目的收尾阶段，要多与业主、政府城建档案管理机构等相关方沟通，明确竣工资料的具体要求。根据竣工资料的要求，建立项目竣工文件资料清单，结合本项目的特点明确每个阶段所需要的资料、提供方、提供时间，明确文档格式和具体要求，并告知项目的相关人员。在进行人员调转时，要求项目相关人员根据资料清单要求进行资料的移交，并做好相关记录工作，明确责任人。对于竣工文件的资料收集整理，要明确阶段性目标，制订相关奖惩措施，加强员工责任心建设。

项目部归档资料包括工程技术资料及项目管理资料两部分。工程技术资料归档移交按国家及地方建设行政管理部门有关工程档案管理规定进行；项目管理资料按企业的规定移交给企业的相关部门。

4.7.5 项目部撤离和撤销

1. 项目部资产及剩余物料处置

项目部对资产和剩余物料进行盘点后上报企业，企业在项目部之间进行有偿调拨或回收，并办理相关手续。

废旧物资处置必须经企业核查、批准，须有三人以上共同参与，做好记录。处置废旧物资收入按规定上缴企业，冲减项目成本。

2. 项目部撤离及撤销

工程竣工后，企业按照与建设方签订的保修合同或协议书，履行保修义务，明确保修工作组织管理及具体实施的责任归属。项目部根据实际情况和企业的安排在保修期间保留必要的管理技术人员和作业人员，其他人员按计划安排撤离。

项目部达到项目部责任书规定的撤销条件，企业应办理相关手续，签发项目部撤销令。

5 项目管理热点

5.1 BIM 技术

5.1.1 BIM 的概念

美国国家 BIM 标准对 BIM 的定义："BIM 是兼具物理特性与功能特性的建设项目数字化模型，且是从建设项目的最初概念设计开始，在项目全生命周期里可供使用者作出任何决策的可靠共享信息资源"。

实现 BIM 的前提是：在建设项目生命周期的各个阶段，不同的项目参与方通过在 BIM 建模过程中插入、提取、更新及修改信息以支持和反映出各参与方的职责。从而使 BIM 成为基于公共标准化协同作业的共享数字化模型。

BIM 的概念可以分解为两个方面，BIM 既是模型成果（Product）更是过程（Processs）。BIM 作为模型成果，与传统的 3D 建筑模型有着本质的区别，其兼具了物理特性与功能特性。其中，物理特性（Physical Characteristic），可以理解为几何特性（Geometric Characteristic）；而功能特性（Functional Characteristic），是指此模型具备了所有一切与该建设项目有关的信息。BIM 是一种过程，其功能在于通过开发、使用和传递建设项目的数字化信息模型以提高项目或组合设施的设计、施工和运营管理水平。

"Building Information Modeling"中的"Building"不能被狭义地理解为建筑，而是广义地代表了各类土木工程建设项目。

美国国家 BIM 标准（NBIMS）给出的等级信息关系图（Hierarchical of Information Relationships），规定了 BIM 中"Building"的适用范围，包含三种设施或建造项目（Facility/Building）：

（1）Building，建筑物，如一般办公楼房、民用楼房等。

（2）Structure，构筑物，如大坝、水电站、厂房等。

（3）Linear Structure，线性结构基础设施，如道路、桥梁、铁道、隧道、管道等。

5.1.2 BIM 的发展轨迹

BIM 的发展主要经历 4 个阶段，第一阶段仅属于少数技术爱好者的使用阶段，第二阶段是部分企业决策层从企业发展角度逐步认同的阶段，第三阶段是行业逐步认同并开始建立相关标准的阶段，第四阶段为正式进入工程项目的业务流程阶段。

现阶段 BIM（Building Information Modeling）作为一种全新的工程实施的基础方法正在被广大业主所认同。

同时，BIM 技术赢得了中国政府层面的认可。2015 年 6 月 16 日，住建部印发《关于推进建筑信息模型应用的指导意见》，明确提出：到 2020 年末，甲级勘察、设计单位以及特一级施工企业应掌握并实现 BIM 与企业管理系统和其他信息技术的一体化集成应用。到 2020 年末，以国有投资为主的大中型建筑、申报绿色建筑的公共建筑和绿色生态示范小区的新立项项目勘察设计、施工、运营维护中，集成应用 BIM 的项目比率应达到 90%。为进一步实现 BIM 技术的推广应用，各省市亦根据自身情况发布指导意见与实施办法。同时，由于设计方、施工方及业主对 BIM 价值的认可和推动，BIM 已经在众多地标性建筑项目中发挥了在优化设计和提高施工生产力方面的巨大优势。

5.1.3 BIM 的信息载体

BIM 的信息载体是多维参数模型（nD Parametric models）。

用简单的等式来体现 BIM 参数模型的维度：

$$2D = Length + Width$$
$$3D = 2D + Height$$
$$4D = 3D + Time$$
$$5D = 4D + Cost$$
$$6D = 5D + \cdots$$
$$nD = BIM$$

传统的 2D 模型是用点、线、多边形、圆等平面元素模拟几何构件，只有长和宽的二维尺度，故等于"Length&Width"，目前国内各类设计图和施工图的主流形式仍旧是 2D 模型；传统的 3D 模型是在 2D 模型的基础上加了一个维度"Height"，有利于实现建设项目的可视化功能，但并不具备信息整合与协调的功能。

随着软件的发展，尽管各种几何实体可以被整合在一起代表所需的设计构件，但是最终的整体几何模型依旧难以编辑和修改，且各系统单独的施工图很难与整体模型真正地联系起来，同步化就更难实现。

BIM 参数模型的优势就是在于其突破了传统 2D 及 3D 模型难以修改和同步的瓶颈，以实时、动态的多维模型（nD）进行设计，大大方便了工程人员。

首先，BIM 的 3D 模型为交流和修改提供了便利。以建筑师为例，可以运用 3D 平台直接设计，无需将 3D 模型转换成 2D 平面图与业主进行沟通交流，业主也无需费时费力去理解繁琐的 2D 图纸。

其次，BIM 参数模型的参数信息内容不仅局限于建筑构件的物理属性，更包含了从建筑概念设计开始到运营维护的全项目生命周期内的所有该建筑构件的实时信息。

再次，BIM 参数模型将各个系统紧密地联系到了一起，整体模型真正起到了协调综合的作用，且其同步化的功能更是锦上添花。BIM 整体参数模型综合了建筑、结构、机械、暖通、电气等各专业 BIM 系统模型，其中各系统间的碰撞可以在实际施工开始前的设计阶段得以解决，同时与上述 4D，5D 模型所涉及的进度及造价控制信息相关联，整体协调管理项目实施。

另外，对于 BIM 模型的设计变更，BIM 的参数规则（Parametric rules）会在全局自动更新信息。故对于设计变更而言，相比基于图纸费时且易出错的繁琐处理，BIM 系统表现得更加智能与灵敏。

最后，BIM 参数模型的多维特性（nD）将项目的经济性、使用舒适性及可持续性提高到一个新的层次。例如，运用4D技术可以研究项目的可施工性、项目进度安排、项目进度优化、精益化施工等方面，使项目更具经济性与时效性；5D造价控制手段使预算在项目全生命周期内实现实时性与可操控性；6D及nD应用将更大化地满足项目对于业主及社会的需求，如使用舒适度模拟及分析、耗能模拟、绿色建筑模拟及可持续化分析等方面。

5.1.4　BIM的实现手段

BIM的实现手段是软件，与CAD技术只需一个或几个软件不同，BIM需要一系列软件来支撑。

图5-1是对于BIM软件各个类型的罗列图，除BIM核心建模软件之外，BIM的实现需要大量其他软件的协调与帮助。

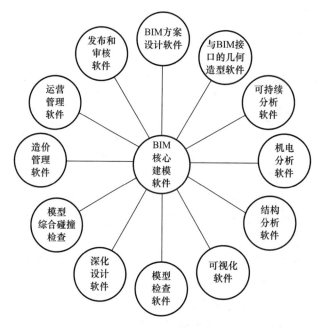

图5-1　BIM软件

一般可以将BIM软件分成以下两大类型：

类型一：BIM核心建模软件，包括建筑与结构设计软件（如 AutodeskRevit 系列、Graphisoft ArchiCAD 等）、机电与其他各系统的设计软件（如 AutodeskRevit 系列、DesignMaster 等）等。

类型二：基于BIM模型的分析软件，包括结构分析软件（如 PKPM、SAP2000 等）、施工进度管理软件（如 MSProject、Navisworks 等）、制作加工图 Shop Drawing 的深化设计软件（如 Xsteel 等）、概预算软件、设备管理软件、可视化软件等。

5.1.5　BIM的分析应用

以 BIM 模型为基础，服务于项目各个阶段的分析应用都可以凭借上述基于 BIM 模型的分析软件得以实现。

BIM 模型可视化应用（Visualizations）。所设计的建筑效果图可令人仿佛置身在其中的 3D 虚拟建筑空间；光线效果可视化模拟（Lightscape）方便业主与设计方、施工方的交流。

BIM 整体模型（Combined Models）碰撞检测。由各个系统模型综合在一起形成的 BIM 整体模型可以查找和复核各系统间是否存在碰撞，即碰撞检测（Collision checking），以便在施工前解决。

施工阶段应用（Construction applied）。工料估算与控制（Quantity take-off）、预算控制（Cost estimation）、生产管理（Production management）、3D 可视化指导施工及改进施工方法（3D visible construction）、利用 4D 模型进行进度控制等（4D models schedule）。

分析应用（Analysis qpplied）。舒适度分析（Comfort analysis）、耗能模拟分析（Energy analysis）、生命期成本控制（Life-cycle cost，即 LCC）、环境评估应用，如不同材料在相同环境的使用寿命不同——生命周期分析法（Life-cycle analysis，即 LCA）、风、水等流体性能分析，如建筑围墙连续性与防水性模拟——计算机流体力学动态模拟（Computational Fluid Dynamics，即 CFD）等。

设施管理应用（Facility management）。设施管理组织机构的建立（Management for portfolio of buildings）、技术维护（Technical maintenance）、性能报告系统（Performance reporting）、设施空间数据管理（Space data management）。

5.1.6 BIM 的价值优势

对于业主最关心的工程造价、工期、项目性能是否符合预期等指标，BIM 所带来的价值优势是巨大的。

（1）缩短项目工期。利用 BIM 技术，可以通过加强团队合作、改善传统的项目管理模式、实现场外预制、缩短订货至交货之间的空白时间（Lead times）等方式大大缩短工期。

（2）更加可靠与准确地项目预算。基于 BIM 模型的工料计算（Quantity take-off）相比基于 2D 图纸的预算更加准确且节省了大量时间。

（3）提高生产效率、节约成本。由于利用 BIM 技术可大大加强各参与方的协作与信息交流的有效性，使决策的做出可以在短时间完成，减少了复工与返工的次数且便于新型生产方式的兴起，如场外预制、BIM 参数模型作为施工文件等，显著地提高了生产效率、节约了成本。

（4）高性能的项目结果。BIM 技术所输出的可视化效果可以为业主校核是否满足要求提供平台，且利用 BIM 技术可实现耗能与可持续发展设计与分析，为提高建筑物、构筑物等的性能提供了技术手段。

（5）有助于提高项目的创新性与先进性。BIM 技术可以实现对传统项目管理模式的优化，如一体化项目管理模式 IPD（Integrated Project Delivery Mode）下，各参与方参与前期设计的模式有利于吸取先进技术与经验、实现项目创新性与先进性。

（6）方便设备管理与维护。利用 BIM 竣工模型（As-built model）作为设备管理与维护的数据库。

5.1.7　BIM 在建设项目各阶段的具体应用

1. 可行性研究阶段

BIM 对于可行性研究阶段中，建设项目在技术和经济上的可行性论证提供了帮助，提高了论证结果的准确性和可靠性。

在可行性研究阶段，业主需要确定出建设项目方案在满足类型、质量、功能等要求下是否具有技术与经济可行性。但是，如果想得到可靠性高的论证结果，需要花费大量的时间、资金与精力。BIM 可以为业主提供概要模型（Macro or schematic model），用以对建设项目方案进行分析、模拟，从而为整个项目的建设降低成本、缩短工期并提高质量。

2. 设计工作阶段

对于传统 CAD 时代存在于建设项目设计阶段的 2D 图纸冗繁、错误率高、变更频繁、协作沟通困难等缺点，BIM 所带来的价值优势是巨大的。

（1）保证概念设计阶段决策正确

在概念设计阶段，设计人员需对拟建项目的选址、方位、外形、结构形式、耗能与可持续发展问题、施工与运营概算等问题做出决策，BIM 技术可以对各种不同的方案进行模拟与分析，且为集合更多的参与方投入该阶段提供了平台，使早期做出的分析决策得到反馈，保证了决策的正确性与可操作性。

（2）更加快捷与准确地绘制 3D 模型

不同于 CAD 技术下 3D 模型需要由多个 2D 平面图共同创建，BIM 软件可以直接在 3D 平台上绘制 3D 模型，并且所需的任何平面视图都可以由该 3D 模型生成，准确性更高且直观快捷，为业主、施工方、预制方、设备供应方等项目参与人员沟通协调提供了平台。

（3）多个系统的设计协作进行，提高设计质量

对于传统建设项目设计模式，各专业包括建筑、结构、暖通、机械、电气、通信、消防等设计之间的碰撞极易出现且难以解决。而 BIM 整体参数模型可以对建设项目的各系统进行空间协调、消除碰撞冲突，大大缩短了设计时间且减少了设计错误与漏洞。同时，结合运用与 BIM 建模工具具有相关性的分析软件，可以就拟建项目的结构合理性、空气流通性、光照、温度控制、隔音隔热、供水、废水处理等多个方面进行分析，并基于分析结果不断完善 BIM 模型。

（4）灵活应对设计变更

BIM 整体参数模型自动更新的技术可以让项目参与方灵活应对设计变更，减少施工人员与设计人员所持图纸不一致等情况。对于施工平面图的一个细节变动，Revit 软件将自动在立面图、截面图、3D 界面、图纸信息列表、工期、预算等所有相关联的地方做出更新修改。

（5）提高可施工性

设计图纸的实际可施工性（constructability）是国内建设项目经常遇到的问题。由于专业化程度的提高及国内绝大多数建设工程所采用的设计与施工分别承发包模式的局限性，设计与施工人员之间的交流甚少，加之很多设计人员缺乏施工经验，极易导致施工人员难以甚至无法按照设计图纸进行施工。BIM 可以通过提供 3D 平台加强设计与施工的交流，让有经验的施工管理人员在设计阶段早期引入可施工性理念，可以更深入地推广新的

工程项目管理模式，如一体化项目管理模式 IPD（Integrated Project Delivery mode）等，以解决可施工性的问题。

（6）为精确化预算提供便利

在设计的任何阶段，BIM 技术都可以按照定额计价模式根据当前 BIM 模型的工程量给出工程的总概算。随着初步设计的深化，项目各个方面，如建设规模、结构性质、设备类型等均会发生变动与修改，BIM 模型平台导出的工程概算可以在签订招投标合同之前给项目各参与方提供决策参考，也为最终的设计概算提供基础。

（7）利于低能耗与可持续发展设计

在设计初期，利用与 BIM 模型具有互用性的能耗分析软件就可以为设计注入低能耗与可持续发展的理念，这是传统的 2D 设计工具所不能实现的。传统的 2D 技术只能在设计完成之后利用独立的能耗分析工具介入，这就大大降低了修改设计满足低能耗需求的可能性。除此之外，各类与 BIM 模型具有互用性的软件都在提高建设项目整体质量上发挥了重要作用。

3. 建设实施阶段

对于传统 CAD 时代存在于建设项目施工阶段的 2D 图纸可施工性低、施工质量不能保证、工期进度拖延、工作效率低等缺点，BIM 的优势是显而易见的。

（1）施工前改正设计错误与漏洞

在传统 CAD 时代，各系统间的碰撞极难在 2D 图纸上识别，往往直到施工进行到一定程度才被发觉，不得已返工或重新设计；而 BIM 模型将各系统的设计整合在了一起，系统间的碰撞一目了然，在施工前改正解决，加快了施工进度，减少了浪费，甚至很大程度上减少了各专业人员间的纠纷与不和谐的情况。

（2）4D 施工模拟、优化施工方案

BIM 技术将具有互用性的 4D 软件及项目施工进度计划与 BIM 模型连接起来，以动态的三维模式模拟整个施工过程与施工现场，能及时发现潜在问题和优化施工方案（包括场地、人员、设备、空间碰撞、安全问题等）。同时，4D 施工模拟还包含了临时性设备，如起重机、脚手架、大型设备等的进出场时间，为节约成本、优化整体进度安排提供了帮助。

（3）BIM 模型为预制加工工业化的基石

细节化的构件模型（Shop model）可以由 BIM 设计模型生成，可用来指导预制生产与施工。由于构件是以 3D 的形式被创建的，这就便于数控机械化自动生产。当前，这种自动化的生产模式已经成功地运用在钢结构加工与制造、金属板制造等方面，从而生产预制构件、玻璃制品等。这种模式方便供应商根据设计模型对所需构件进行细节化的设计与制造，准确性高且缩减了造价与工期；同时，避免了利用 2D 图纸施工时，由于周围构件与环境的不确定性导致构件无法安装甚至重新制造的尴尬情况。

（4）使精益化施工成为可能

由于 BIM 参数模型提供的信息中包含了每一项工作所需的资源，包括人员、材料、设备等，为总承包商与各分包商之间的协作提供了基石，最大化地保证资源准时制管理（Just-in-time management）、削减不必要的库存管理工作，减少无用的等待时间，提高生产效率。

4. 运营维护阶段

BIM 参数模型可以为业主提供建设项目中所有系统的信息，在施工阶段做出的修改将全部同步更新到 BIM 参数模型中，形成最终的 BIM 竣工模型（As-built model），该竣工模型作为各种设备管理的数据库为系统的维护提供依据。

此外，BIM 参数模型可同步提供有关建筑使用情况或性能、入住人员与容量、建筑已用时间以及建筑财务方面的信息。同时，BIM 可提供数字更新记录，并改善搬迁规划与管理。BIM 参数模型还促进了标准建筑模型对商业场地条件的适应（例如零售业场地，这些场地需要在许多不同地点建造相似的建筑）。有关建筑的物理信息（例如完工情况、承租人或部门分配、家具和设备库存）和关于可出租面积、租赁收入或部门成本分配的重要财务数据都更加易于管理和使用。稳定访问这些类型的信息可以提高建筑运营过程中的收益与成本管理水平。

5.1.8 与 BIM 核心软件具有互用性的软件

以下将对与 BIM 核心软件（设计类、施工类 BIM 软件）具有互用性的软件作简要概述。

1. 建模类软件

（1）2D 建模类软件

使用范围最广的 2D 建模类软件是 Autodesk 的 AutoCAD 和 Bentley 的 Microstation。

（2）3D 建模类（3D Solid model）软件

目前常用的与 BIM 核心软件具有互用性的 3D 建模类（3D Solid model）软件有 Google Sketchup、Rhino 和 FormZ。

2. 可视化类软件

基于创建的 BIM 模型，与 BIM 具有互用性的可视化软件可以将其可视化的效果输出，常用的软件包括 3dsMax、Artlantis、Lightscape 与 AccuRender 等。

3. 分析类软件

（1）可持续发展分析软件

基于 BIM 模型信息，可持续发展分析软件可以对项目的日照、风环境、热工、景观可视度、噪声等方面做出分析，主要软件有 Eeotect、IES、Green Building Studio 及 PK-PM 等。

（2）机电分析软件

水暖电等设备和电气分析软件：鸿业、博超 Design Master、IEs Virtual Environment、Trane Trace 等。

（3）结构分析软件

结构分析软件是目前与 BIM 核心建模软件互用性较高的软件，两者之间可以实现双向信息交换，即结构分析软件可对 BIM 模型进行结构分析，且分析结果对结构的调整可以自动更新到 BIM 模型中。与 BIM 核心建模软件具有互用性的结构分析软件有 ETABS、STAAD、Robot 及 PKPM 等。

《BIM 软件分类表》见表 5-1，将上述 BIM 设计类、施工类及与 BIM 核心软件具有互用性的三类软件做出简要总结。

BIM 软件分类表 表 5-1

软件类型			公司	软件名称
BIM 设计类软件			Autodesk	Revit Architecture（建筑）
				Revit Structure（结构）
				Revit MEP（机电管道）
			Bentley	Bentley Architecture（建筑）
				Bentley Structural（结构）
				Bentley Building Mechanical Systems（机）
				Bentley Building Electrical Systems（电）
				Bentley Facilities（设备）
				Bentley Power Cilvil（场地建模）
				Bentley Generative Components（设计复杂造型）
				Bentley Interference Manager（碰撞检查）
			Graphisoft/Nemetschek AG	ArchiCAD
			Gery Technology	Digital Project
			Tekla Corp	Xsteel
				Tekla Structure
BIM 施工类软件	4D		Autodesk	Navisworks
			Bentley	Project Wise Navigatior
			Innovaya	Visual Simulation
			Synchro	Synchro 4D
			Common Point	Project 4D Construct Sim
	5D		Innovaya	Visual Simulation＋Visual Estimating
			VICO Software	Virtual Construction
与 BIM 核心 软件具有互 用性的软件	建 模 类	2D	Autodesk	AutoCAD
			Bentley	MicroStation
		3D	Google	Sketchup
			Rhino Software	Rhino
			Auto DesSys	FormZ
	可 视 类		Autodesk	3Ds Max
			Autodesk 收购 Lightscape	Lightscape
			Abvent	Artlantis
			Robert McNeel	AccuRender
	分 析 类	可持续 发展	Autodesk	Ecotect
			Autodesk 收购 GeoPraxis	Green Buiding Studio
			Illuminating Engineering Society	IES
			中国建筑科学研究院建筑工程软件研究所	PKPM
		机电	Design Master Software	Design Master
			Intergrated Environmental Solution	IES Virtual Environment
			Trane	Trane Trace
			鸿业科技	鸿业 MEP 系列软件
			北京博超时代软件有限公司	博超电气设计软件
		结构	Computer and Structure Inc.（CSI）	ETABS
			REI Engineering Software	STAAD
			Autodesk	Robot
			中国建筑科学研究院建筑工程软件研究所	PKPM

5.1.9 BIM 与云工作平台 (Cloud)

众多的 BIM 软件对于计算机硬件都有极高的要求，且随着 BIM 软件版本的不断升级，计算机的配置也需要随之不断攀升，这使建筑企业往往望而却步，BIM 的广泛应用严重受阻，于是建筑行业内开始考虑将 IT 业 "云计算（Cloud Computing)" 引为己用，有力支撑 BIM 硬件环境。

"云计算"旨在通过网络把多个成本相对较低的计算实体整合成一个具有强大计算能力的系统，并借助 SaaS、PaaS、IaaS、MSP 等先进的商业模式把强大的计算能力分布到终端用户手中。Cloud Computing 的一个核心理念就是通过不断提高 "云" 的处理能力，进而减少用户终端的处理负担，最终使用户终端简化成一个单纯的输入输出设备，并能按需享受 "云" 的强大计算处理能力。

美国 Little 多元设计咨询公司开发的云工作站（Little's cloud）是美国建筑业首个为 BIM 应用提供同步、实时及标准软件应用的硬件环境。云工作站对于 BIM 应用的 11 种战略优势如下：

1. 降低随软件升级不断增长的计算机配置需求

由于 BIM 应用要求实现模拟、分析、渲染、3D 建模等多元化的服务功能，手提电脑更新速度尽管以两年为周期，却仍不能满足不断升级的软件对于硬件的配置要求，但以云工作站为平台，其用户终端手提电脑的处理负担被极大地减少、无需高配，且云工作站的更新周期较长，为四到五年，提高了经济效益。

2. 不受地区空间限制协同工作

目前软件开发商们正致力于研究利用广域网（WAN）实现协同工作，但其仍有缺陷。云工作平台可以完全实现不同地方的工程人员如同 "在同一个办公室办公"。

3. 不同公司协同工作

由于 BIM 应用需要不同项目参与方包括设计方、施工方等利用同一 BIM 模型协同工作，但如果没有云工作平台，各参与方只能在特定的时间通过 FTP 服务器或者项目网站交换 BIM 模型数据信息。

4. 虚拟化技术 (Virtualization) 降低 IT 基础设施费用

虚拟化技术是建立高性能云工作站的另一核心技术，其不但提高了硬件及网络性能，而且降低了各种费用。

5. 合并分支机构 IT 基础设施

云工作平台可以使各方各分支机构的 IT 基础设施合并在一起，除上述云工作平台实现不同公司协同工作外，其亦可实现同公司各分支协同工作，消除地域空间障碍。

6. 实现业务应用目标

不但是设计软件，云工作站可同时运行包括 Outlook、MicrosoftOffice、造价、人力资源等在内的其他软件。一个云工作站可同时容纳 7～10 个 BIM 设计人员工作。对于其他业务应用，一个云工作站可同时容纳 20～30 个用户工作。

7. 减少工作地域限制

云工作平台使 "在家工作" 成为可能，大大节省了办公费用，工程人员可以在 Windows 操作系统、IOS 操作系统通过远程桌面协议（RDP）连接到企业云工作平台，不受任何地域限制。

8. 实现 IT 自动控制、降低成本

以 Little 公司为例，其数据中心的 20 台云计算机（HPGW）24h 不间断运行，根据软件类型与用户数量，每台云计算机装有相应应用软件，任何需要软件工具的用户访问云计算机即可使用。

9. 确保工作连续性、数据恢复能力与安全性

云工作平台能将全部信息进行备份，且具有数据恢复的空间，如一台云计算机出现问题，会自动通知接入的终端用户更换到另一台云计算机继续工作，同时转移信息和数据。此外，如果是终端电脑出现问题，只要更换一台即可，因为数据信息和软件均在云工作平台，数据的安全性得到了保证。

10. 无需维护终端电脑

IT 人员无需维护终端电脑以确保软件的各项功能应用，而只需维护云工作站的正常运行即可。

11. 有充分时间进行渲染与制作动画

不同于传统模式花费大量时间在配置极高的电脑上完成渲染任务，云工作平台可以实现渲染工作与其他工作并行，且非工作时间将所有 CPU 都调配到该渲染工作中，大大提升了渲染速度。

5.2 绿色施工新技术

5.2.1 绿色施工的概念与原则

1. 绿色施工的概念

绿色施工是指在工程建设中，在保证质量、安全等基本要求的前提下，通过科学管理和技术进步，最大限度地节约资源并减少对环境造成负面影响的施工活动，实现节能、节地、节水、节材和环境保护。

2. 绿色施工的原则

实施绿色施工，应依据因地制宜的原则，贯彻执行国家、行业和地方相关的技术政策，符合国家的法律、法规及相关的标准规范，实现经济效益、社会效益和环境效益的统一。施工企业应运用 ISO14000 环境管理体系和 OHSAS18000 职业健康安全管理体系，将绿色施工有关内容分解到管理体系目标中去，使绿色施工规范化、标准化。

5.2.2 绿色施工的总体框架

绿色施工总体框架由施工管理、环境保护、节材与材料资源利用、节水与水资源利用、节能与能源利用、节地与施工用地保护六个方面组成，如图 5-2 所示。这六个方面涵盖了绿色施工的基本指标，同时包含了施工策划、材料采购、现场施工、工程验收等各阶段的指标。

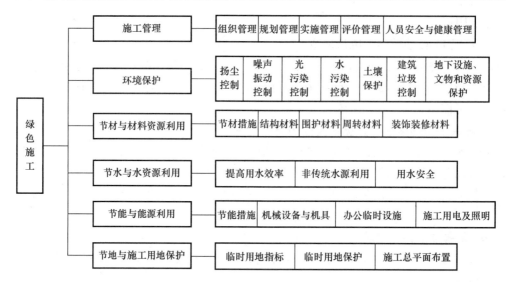

图 5-2　绿色施工总体框架

5.2.3　绿色施工技术措施示例

1. 施工场地

在施工总平面设计时，应针对施工场地、环境和条件进行分析，尽量利用场地及周边现有和拟建建筑物、构筑物、道路和管线等，施工中减少场地干扰，保护环境。在满足施工需要的前提下，应减少施工用地，合理布置起重机械和各项施工设施，统筹规划施工道路，合理划分施工区段，减少专业工种之间交叉作业。现场临时设施绿色施工做法示例，见表 5-2。

现场临时设施绿色施工做法示例　　　　　　　　　　　　　　　　　表 5-2

序号	名称	技术简述	图示
1	集成化临时房屋	工厂加工制作，模块运入现场，用后整体运走，不留建筑垃圾	
2	装配式道路	与传统地坪相比，抗压强度高、适用范围广、资源消耗少、环境污染小	

2. 绿色施工机械选择

施工机械优先选择尽可能替代人工劳动、能源利用效率高的施工机械设备，定期监控记录重点耗能设备的能源利用情况，定期进行设备保养、维修，保证设备性能。绿色施工机械设备选择，见表5-3。

绿色施工机械设备选择 表5-3

序号	设备	技术简述	图示
1	数控弯箍机	数控弯箍机可自动完成钢筋调直、定尺、弯箍、切断等工序，改变传统钢筋加工落后的模式，产量多，精度高，质量好	
2	整体液压爬升脚手架	爬升脚手架依靠电子控制设备升降主框架，外围护架搭设一次成型，楼层施工过程中，不再进行外架搭设	
3	机械抹灰	搅拌好的砂浆，经振动筛后倾入灰浆输送泵，借助于空气压缩机通过管道，把灰浆连续均匀地喷涂于墙面和顶棚上，再经过找平搓实，完成抹灰饰面	

续表

序号	设备	技术简述	图示
4	木方机械接长	工地上将短木方加工、粘接并经过专用机械压合、紧固而成为满足工程使用的长木方	

3. 环境保护措施

施工现场环境保护主要包括人员卫生健康、资源保护、扬尘控制、废气排放控制、建筑垃圾处置、污水排放、光污染控制、噪声控制等方面的内容。施工现场环境保护措施示例，见表5-4。

施工现场环境保护措施示例 表 5-4

序号	措施	简述	图示
1	古树保护	施工现场的文物古迹和古树名木应采取有效的保护措施	
2	人员健康	作业区和生活办公区分开布置，生活设施远离有毒有害物质；生活区专人负责，设消暑或保暖措施；危险作业人员配备必要的防护器具；厕所、卫生施舍、排水沟等处定期消毒；食堂管理卫生等	

序号	措施	简述	图示
3	扬尘控制	现场专人负责清扫，裸土须覆盖，车辆清洁，细颗粒建材封闭存放，余料及时回收，拆除爆破设降尘措施，预拌砂浆有密闭防尘措施等	
4	建筑垃圾处理	建筑垃圾分类收集、集中堆放，废电池、废墨盒等有害的废弃物封闭回收，垃圾桶分"可回收利用"与"不可回收利用"两类，定期清运，碎石和土石方类等作为地基和路基回填材料	
5	污水排放	现场道路和材料堆放场地周边设排水沟，工程污水和实验室养护用水处理达标后排入市政管道，厕所设化粪池并定期清理，工地食堂设隔油池，雨、污水分流排放	
6	光污染控制	夜间焊接作业时采取挡光措施；工地设置大型照明灯具时，应有防止强光外泄的措施	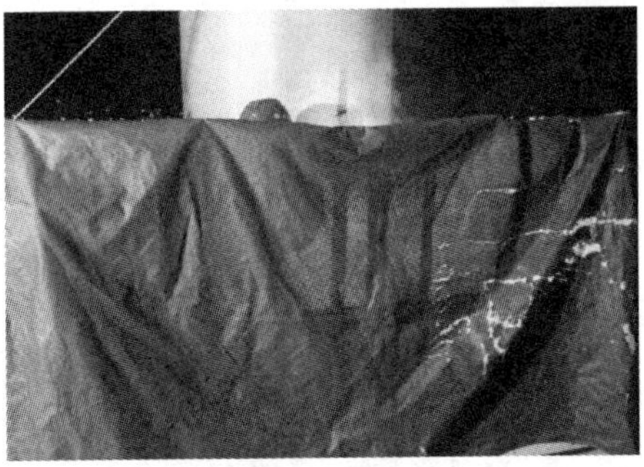

续表

序号	措施	简述	图示
7	噪声控制	选用低噪声设备施工，机械设备定期保养维护，噪声较大设备远离办公、生活区和周边住宅区，混凝土输送泵、电锯房等设备降噪屏，吊装作业指挥使用对讲机传达指令，噪声声强值符合限值要求	

4. 节材与材料资源利用措施

项目部应健全机械保养、限额领料、建筑垃圾再生利用等制度，根据就地取材的原则进行材料选择。施工选用绿色、环保材料，临建设施采用可拆迁、可回收材料。节材与材料资源利用措施示例，见表5-5。

节材与材料资源利用措施示例   表5-5

序号	措施	简述	图示
1	定型化防护	现场临建设施、安全防护设施定型化、工具化、标准化	
2	材料节约	采用管件合一的脚手架和支撑体系、工具室模板和新型模板材料；优化线材下料方案；面材、块材镶贴前预先总体排版；提高周转材料的周转率等	

序号	措施	简述	图示
3	资源再生利用	临建设施充分利用既有建筑物、市政设施和周边道路；办公用纸分类摆放，两面使用；建筑余料合理使用	

5. 节水与水资源利用措施

项目部在签订标段分包或劳务合同时，应将节水指标纳入合同条款，并进行计量考核。施工现场节水主要包括供排水系统合理适用、办公区及生活区的生活用水采用节水器具、生活用水与工程用水分别计量、施工中采用先进的节水工艺等。

基坑降水可储存使用，冲洗现场机具、设备、车辆用水应设立循环用水装置。

节水与水资源利用措施示例见表5-6。

节水与水资源利用措施示例   表5-6

序号	措施	简述	图示
1	降水收集处理系统	通过将基坑降水回收，并与施工现场喷灌系统相连，作为现场绿化、场地降尘等用水	
2	雨水收集利用	施工现场设置雨水回收利用装置、收集池等，通过加压泵提升实现雨水收集利用	

续表

序号	措施	简述	图示
3	生活中水回收利用	施工现场生活中水采用管道回收，中水入沉淀池（罐），简单净化后可作为生活区污水水源	

6. 节能与能源利用措施

施工现场能耗大户主要是塔式起重机、施工电梯、电焊机及其他施工机具和现场照明。对施工现场的生产、生活、办公和主要能耗施工设备应设有节能的控制措施。

节能与能源利用措施示例，见表5-7。

节能与能源利用措施示例 表5-7

序号	措施	简述	图示
1	可再生能源利用	风能、太阳能、水能、生物质能、地热能、海洋能等非化石能源利用，包括太阳能热水系统、供热和制冷系统、光伏发电系统等	
2	用电控制	采用节能型照明灯具，临时用电设备采用自动控制装置，办公、生活和施工现场用电分别计量等	

5.3 新型建筑工业化

建筑工业化，指通过现代化的制造、运输、安装和科学管理的工业化的生产方式来代替传统建筑业中分散的、低水平的、低效率的手工业生产方式。它的主要特点是标准化设计、工厂化生产、装配化施工、一体化装饰和信息化管理相融合。

5.3.1 建筑工业化的背景

我国传统的建筑生产方式过多地使用人工，建筑业的从业人员大多为受教育程度较低的农民工。近年来工人增长速度放缓，同时大龄人员比例扩大，农村可转移输出的劳动力也逐年下降，建筑业出现招工难的问题。发达国家建筑业大量使用机械设备和预制构件，这样能大大提高劳动生产率。因此，我国建筑业迫切需要摆脱劳动密集型困扰，走建筑工业化道路。

随着环境的不断恶化，可持续发展成为各行业发展的一大准则。而我国传统的建筑生产方式在建设过程中产生的污染较严重，对水资源和其他资源的浪费也较严重。建筑垃圾总量占到城市固体垃圾总量的 $30\% \sim 40\%$，同时在清理和运输过程中产生的扬尘对环境造成了二次污染。建设中的噪声污染也十分严重，切割钢筋的高频摩擦声、支拆模板的撞击声、振捣混凝土发出的高频蜂鸣声等都严重影响了附近的居民生活。通过建筑工业化可以将大量的工作转移到工厂内进行，实现现场清洁生产及建筑业的可持续发展。

党的十八大报告明确提出，"要坚持走中国特色新型工业化、信息化、城镇化、农业现代化道路，推动信息化与工业化深度融合"。国务院办公厅转发了国家发展改革委员会与住房和城乡建设部《绿色建筑行动方案》（国办发［2013］1号）文件，将建筑工业化作为一项重要内容。新型建筑工业化是住房和城乡建设的传统模式和生产方式的深刻变革，是建筑工业化与信息化的深度融合，是住房城乡建设提升发展质量和效益的有效途径，是贯彻落实党的十八大精神的具体体现。

5.3.2 新型建筑工业化的特点

新型建筑工业化是指采用标准化设计、工厂化生产、装配化施工、一体化装修和信息化管理为主要特征的生产方式，并在设计、生产、施工、开发等环节形成完整的产业链，实现房屋建造全过程的工业化、集约化和装配化，从而提高建筑工程质量和效益，实现节能减排和资源节约。

1. 管理信息化

新型建筑工业化的"新型"主要新在信息化，体现在信息化与建筑工业化的深度融合。进入新的发展阶段，以信息化带动的工业化在技术上是一种革命性的跨越式发展，从建设行业的未来发展看，信息技术将成为建筑工业化的重要工具和手段，主要表现在 BIM 建筑信息模型技术和互联网技术在建筑工业化的应用上。

BIM 技术可以为设计方、承建方、物业方、经营者建立沟通的桥梁，提供处理工程项目所需的实时相关信息。

BIM 技术广泛应用使我国工程建设逐步向工业化、标准化和集约化方向发展，促使工程建设各阶段、各专业主体之间在更高层面上充分共享资源，有效地避免各专业、各行业间不协调问题，解决了设计与施工脱节、部品与建造技术脱节的问题，极大地提高了工程建设的精细化、生产效率和工程质量，并充分体现了新型建筑工业化的特点和优势。

积极应用 BIM 等新技术，使用信息化手段，促进我国新型建筑工业化发展是我国建筑业走可持续发展道路的必然选择。

2. 现代化大生产

新型建筑工业化就是将工程建设纳入社会化大生产范畴，使工程建设从传统粗放的生产方式逐步向社会化大生产方式过渡。社会化大生产的突出特点就是专业化、协作化和集约化。新型建筑工业化发展是一个系统性、综合性、方向性的问题，不仅有助于促进整个行业的技术进步，而且有助于统一科研、设计、开发、生产、施工等各个方面的认识，明确目标，协调行动，进而推动整个行业的生产方式社会化。

建筑工业化的最终产品是建筑，属于系统化的产品，其生产、建造过程必须实行协作化，必须由不同专业的生产企业协同完成；同时房屋及其产品的建造、生产必须兼具专业化和标准化，具有一定的精细程度和规模化要求。

3. 生产高效

建筑工业化采取设计施工一体化生产方式，从建筑方案的设计开始，建筑物的设计就遵循一定的标准，如建筑物及其构配件的标准化与材料的定型化等，为大规模重复制造与施工打下基础。遵循设计标准，构配件可以实现工厂化的批量生产，及后续短暂的现场装配过程，建造过程大部分时间在工厂采用机械化手段，由具备一定技术的工人完成。与传统的现场混凝土浇筑手工作业相比，建筑工业化将极大提升工程的建设效率。

4. 与城镇化协调发展

当前，我国工业化与城镇化进程加快，工业化率和城镇化率分别达到 40％和 51％，正处于现代化建设的关键时期。在城镇化快速发展过程中，我们不能只看到大规模建设对经济的拉动作用，而忽视城镇化对传统工人转型带来的机遇。在建筑工业化与城镇化互动发展的进程中，一方面城镇化快速发展、建设规模不断扩大为建筑工业化发展提供了良好的物质基础和市场条件；另一方面建筑工业化为城镇化带来了新的产业支撑，通过工厂化生产可有效解决大量的传统工人就业问题，并促进传统工人向产业工人和技术工人转型。

5.3.3 建筑工业化生产示例（盾构法管片）

盾构管片是盾构施工的主要装配构件，是隧道的最内层屏障，承担着抵抗土层压力、地下水压力以及一些特殊荷载的作用。盾构管片是盾构法隧道的永久衬砌结构，盾构管片质量直接关系到隧道的整体质量和安全，影响隧道的防水性能及耐久性能。盾构管片的生产通常采用高强抗渗混凝土，以确保可靠的承载性和防水性能，主要利用成品管片模具密封浇灌混凝土后成型。管片环一般由数块标准块、二块邻接块和一块可在最后封闭成环的封顶块组成。管片的环与环、块与块之间均采用单排弯螺栓连接。

管片主要生产过程中钢筋笼制作、混凝土拌制均围绕全自动生产线进行，管片通过全自动生产线蒸养脱模后进入成品养护环节。管片生产工艺流程如图 5-3 所示。

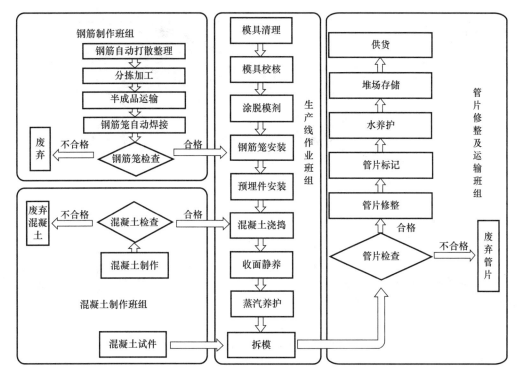

图 5-3 管片生产工艺流程

1. 钢筋加工

（1）原材料自动打散整理

钢筋原材经检验合格后装吊至原材料自动打散整理设备，由该设备将整捆钢筋打散后整理至钢筋输送系统。原材料自动打散整理如图 5-4 所示。

钢筋原材经自动打散整理设备整理后，由自动上料设备输送至剪切设备处自动剪切。自动上料如图 5-5 所示。

图 5-4 原材料自动打散整理

图 5-5 自动上料

棒材剪切设备将自动上料设备输送的钢筋原材按设计参数进行断料。棒材剪切设备如图 5-6 所示。

钢筋下料完成后自动输送至料仓按不同部位钢筋分仓进行存储。钢筋输送设备如图 5-7 所示。

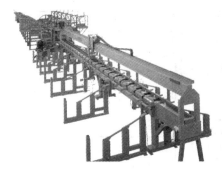

图 5-6 棒材剪切设备

图 5-7 钢筋输送设备及存储料仓

（2）分拣加工

通过物流机构将单根钢筋料吊送到单根输送轨道上，通过输送轨道将其输送到平面网成型机上。随后单片网成型机完成弯弧成型，先由两台焊接机器人完成主筋之间的焊接工作；再由伺服定位横筋位置、带横筋储料仓机构自动落横筋；采用电阻焊方式，把横筋和主筋牢固焊接。

1）电磁铁取料

由电磁铁取料设备将剪切后的钢筋按所需规格、型号从储料仓中取出，并放置在钢筋传输设备上。电磁铁取料如图 5-8 所示。

2）剪切后的钢筋传输

剪切后的钢筋放置在钢筋传输设备上，传输至平面网成型焊接设备。剪切后的棒材输送如图 5-9 所示。

图 5-8 电磁铁取料

图 5-9 剪切后的棒材输送

3）平面网液压成型

剪切后的钢筋传输至平面网成型焊接设备后，使用数控液压钢筋成型设备对钢筋按设计要求进行弯曲成型。平面网液压成型如图 5-10 所示。

4）焊接机器人焊接主筋

钢筋成型后由焊接机器人按设计要求对钢筋连接处进行焊接。焊接机器人焊接如图 5-11 所示。

5）平面网横筋电阻焊接

主筋焊接完成后采用电阻焊接方式按设计要求进行横筋自动焊接。平面网横筋电阻焊接如图 5-12 所示。

图 5-10　平面网液压成型　　　　　　　　　图 5-11　焊接机器人焊接

（3）输送

1）平面网输送

平面网钢筋焊接完成后将其输送至平面网分拣设备进行分拣。平面网输送如图 5-13、图 5-14 所示。

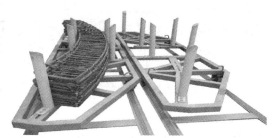

图 5-12　平面网横筋电阻焊接　　　　　　　　图 5-13　平面网输送

2）平面网分拣

平面网钢筋输送至平面网分拣设备处，由该设备按照不同管片型号对平面网钢筋进行分拣，并放置在不同型号管片对应的平面网转运小车上。随后由平面网转运小车将平面网转运至立体网焊接成型模块。平面网分拣如图 5-15 所示。平面网转运小车如图 5-16 所示。

图 5-14　平面网滚轴输送　　　　　　　　　图 5-15　平面网分拣

（4）通过物流机构将平面网按照焊接钢筋笼的要求，依次吊装到平面网片叠送装置上。单片网叠送进料如图 5-17 所示。

图 5-16　平面网转运小车

图 5-17　单片网叠送进料

（5）人工摆放外箍筋，单片网片叠送装置将码放好的平面网一次输送到立体网自动焊接机上。人工放置箍筋如图 5-18 所示。立体网送料如图 5-19 所示。

图 5-18　人工放置箍筋

图 5-19　立体网送料

（6）钢筋叠放输送模具输送至立体网成型焊接设备后，由该设备按照设计参数及要求进行钢筋定位、焊接成型。立体网成型焊接如图 5-20 所示。

（7）立体网成型，吊运至指定位置进行码放，人工完成外箍筋搭接焊。立体网成品拆卸转运如图 5-21 所示。钢筋焊接质量展示如图 5-22 所示。

图 5-20　立体网成型焊接

图 5-21　立体网成品拆卸转运

2. 混凝土制备

搅拌站采用全电脑控制，计量系统具有计量自动补偿系统，确保原材料每盘计量偏差和累计计量偏差符合规范要求；同时系统具有每盘数据自动备份功能，并可随时打印任意一盘的计量数据，确保商品混凝土质量的可追溯性。

3. 模具清理

模具内的任何杂物都将影响到合模的精度，对管片生产会造成严重的后果，组模前必须认真清理模具，把混凝土残积物全部清除。

（1）混凝土残积物全部被剥落后应把全部杂物从模具内表面清走，并用空气压缩机吹净表面，不得有任何残留杂物。

图 5-22 钢筋焊接质量展示

（2）模具内表面及结合面用棉布、海绵块或胶片配合清理，严禁使用铁器清刮或用铁锤敲击钢模。

（3）清理模具外表面时，特别要注意清除测量水平的所有位置的混凝土残积物。模具清理如图 5-23 所示。

4. 涂抹隔离剂

（1）隔离剂必须采用水质脱模剂，涂隔离剂由专人负责。涂隔离剂前先检查模具内表面是否留有混凝土残积物，如有应返工清洁。

（2）涂隔离剂前应安装好模具上的密封圈，对所有活动零部件进行清理。

（3）涂抹时，务必使模具内表面全部均布薄层隔离剂，特别注意模板拐角处不得漏涂，如果有流淌的隔离剂积聚，应用海绵清理干净。涂抹隔离剂后的模具如图 5-24 所示。

图 5-23 模具清理

图 5-24 涂抹隔离剂后的模具

5. 钢筋骨架入模

操作者应使用有检验标识的钢筋骨架，并核对标识与模板型号是否相符，有下列情况者不准入模：

钢筋的级别、直径、根数、间距与图纸不符；钢筋表面有油污、颗粒或片状老锈；钢筋骨架变形、开焊；受力主筋的数量和位置与图纸不符或违反质量验收标准的规定；焊接有重咬肉的。

6. 合模

（1）合模前应检查模具各部件、部位是否洁净，隔离剂涂抹是否均匀，不足的地方要清抹、补漏。

（2）合模按先端头模板、后纵向侧模板的顺序合模，关闭两个纵向模板前应先抽出侧边上的所有螺栓，以防卡在侧模和底模之间，导致模板扭曲。

（3）将侧模板向内轻轻推进就位，用手旋紧定位螺栓，以倒角为吻合标志，然后旋紧侧模与端模相连的螺栓，用手初步拧紧后，再用专用工具均衡用力拧牢固，要特别注意使吻合标志完全对正位。

（4）把侧模板与底模板的固定螺栓装上，用手拧紧后再用专用工具由中间位置向两端顺序拧紧，严禁反顺序操作，以免模具变形或精度损失。

（5）钢模合好后由专人负责核对吻合标志，检查四角直线标记是否对齐，并测量模具宽度。未经检验的模具严禁浇筑混凝土，检查结果要报告质量负责人认可，方可进行下一道工序。

图 5-25　模具合拢后

模具合拢后如图 5-25 所示。

7. 混凝土浇筑

管片混凝土浇筑必须具备：钢筋骨架入模和钢模合拢精度均符合要求并已认可；混凝土搅拌系统处于正常状态和附着式振捣器能正常运作等条件。

8. 蒸汽养护

（1）管片成型抹面后需进行蒸汽养护。管片模具台座经生产线系统进入蒸养房，蒸养过程在蒸养房内进行，蒸汽由锅炉房供给。管片经过精工抹平并静养不少于 2.5h，达到蒸养条件后在生产线的带动下进入蒸养房蒸养如图 5-26 所示。

（2）蒸汽养护房内有多路温度传感器，并反馈给中央控制室来调节蒸汽电磁阀开启。管片蒸养室出模窑门开启如图 5-27 所示。

图 5-26　管片在蒸养房内蒸养

图 5-27　管片蒸养室出模窑门开启

（3）蒸养房内分为升温区、恒温区和降温区，蒸养过程中严格控制升温、恒温、降温。升温时间控制在 1h，升温速度每小时不超过 25℃；恒温最高温度不超过 60℃，恒温时间一般 2h 左右，相对湿度不小于 90%；降温速度每小时不超过 20℃。蒸养期间，在蒸养室每个区域的温度控制器上设定好温度范围，由温度控制器根据传感器反馈的信息可自动控制各个区域的温度，来保证管片的蒸养条件。

（4）在降温后，模具和混凝土自然冷却至与环境温度相差不大于 20℃后，通过养护控制系统自动反应，将模具传送出蒸养房。

9. 管片脱膜

（1）完成蒸养程序后，当混凝土强度达到设计强度 40%（20MPa）以上时方可脱膜。

脱膜时，管片温度与环境温度之差不得超过 20℃。

（2）拆模前吊离养护槽，拆模顺序为：拔出螺栓套管定位销，先松开侧模与底模的固定螺栓，后松开侧模与端模的连接螺栓，用专用工具将侧模的定位螺栓拆松，退位至恒定位置后，两手均衡用力，分别把两侧模拉开至特设定位置。拆模中严禁捶打、敲击等野蛮动作，脱膜必须使用专用脱膜夹具，地面操作专人配合进行，由专人向桥吊司机发出起吊信号进行脱膜。

（3）管片标准块脱膜时使用真空吸盘机，异型块脱膜时使用专用吊具。脱膜起吊要稳，吊具和钢丝绳必须垂直，不允许单侧或强行起吊。起吊后，单块置于液压翻转架及其他附件上，并将单块清理干净，拆除时不得硬搬硬撬，避免损坏活络模芯、附件及管片。开动油泵，翻转管片由弧面水平状态转至侧立状态，侧立的管片堆放应平稳、不能转动。

图 5-28　真空吸盘机脱模

真空吸盘机脱模如图 5-28 所示。

翻转机翻转管片如图 5-29 所示。

图 5-29　翻转机翻转管片

（4）管片在内弧面醒目处注明管片型号、生产日期和模具编号；在脱膜过程中遇有管片混凝土轻微剥落、缺损、缺角应视情况进行修补，超过规范允许缺陷时须废弃。

10. 管片水养及存放

管片脱膜后吊运至养护水池水养 7d，管片与水的温度差不得大于 10℃，养护水位高出混凝土顶面 2～3cm。完成水养的管片转运至存放场，进行毛毡整体苫盖，并洒水喷淋养护不少于 14d。冬施期间，管片脱膜后宜采用 40℃ 以下的低温蒸汽养护，或者常温水养 14d，出水后在车间内静停 1d，待表面水分充分表干后运出车间。

管片水池内水养如图 5-30 所示。

图 5-30　管片水池内水养

5.4 城市地下综合管廊施工技术

为彻底解决"空中蜘蛛网"和"马路拉链"的城市通病，国务院办公厅提出《关于推进城市地下综合管廊建设的指导意见》，要求到 2020 年建成一批具有国际先进水平的地下综合管廊并投入运营。仅 2015 年，全国已有 69 座城市启动地下综合管廊建设，项目约 1000km，总投资约 880 亿元。据测算，地下管廊每 km 造价约 1.2 亿元人民币，如果每年能建 8000km 管廊，将产生近万亿元的投资，更能带动水泥、钢材、机械工程设备等相关行业，拉动经济的作用将非常明显。

同时，有关部门也已对可能出现的问题提前做了详尽安排，譬如要求考虑城市发展远景、预留和控制地下空间；完善抗震防灾等标准，落实质量安全主体责任，建立终身责任和永久性标牌制度；创新投融资机制，鼓励社会资本参与管廊建设和运营管理等。基于此，城市地下综合管廊建设，将迎来历史上的黄金期。

5.4.1 城市管廊介绍

城市地下综合管廊即"城市地下的市政管线综合走廊"，是指在城市地下建造一种隧道空间，将电力、通信、燃气、给水、热力、排水等多种管线集约化地铺设在隧道空间中，并设有专门的人员出入口、管线出入口、检修口、吊装口及防灾监测监控等系统，形成一种新型的市政公用管线综合设施，实施统一规划、设计、建设与管理。

管廊是目前世界上比较先进的基础设施管网布置形式，是城市建设和城市发展的趋势和潮流，是充分利用地下空间的有效手段。通过建设地下综合管廊实现城市基础设施的现代化，达到对地下空间的合理开发利用已经成为国内外共识。

5.4.2 综合管廊布局设计

按照综合管廊实施区域的不同，依照其建设年代、区域形态、管线需求等因素，将综合管廊布局划分为："十字形"、"口字形"、"丰字形"及"田字形"布局。

对于老城区或节点区域，可采用"十字形"或"口字形"布局。运用"十字形"综合管廊，梳理重要节点路口管线过街及交叉情况，或将老城区重点街区通过综合管廊提升其地下空间的使用效率，为地下空间的再次开发奠定基础。

对于重要节点区域，可通过"口字形"环廊将其内部管线需求进行整合，并可结合地下交通及商业共同开发建设如图 5-31 所示。

对于狭长形态的建设区域，往往依赖一两条主要干道联通整个区域的交通，可采用"丰字形"的布局方式。通过一根主干综合管廊，串联若干综合管廊，形成完整网络，并解决狭长地区的重要道路交叉口的管线问题，避免道路开挖对其交通造成的影响。

例如巴彦淖尔市综合管廊规划位置示意图如图 5-32 所示。

对于尚未建设的新区，由于其主干道路网尚未形成，综合管廊可以采用"田字形"的布局方式。通过田字形的布局，形成新区综合管廊网络，将各市政管线的主次干线容纳其中，并解决主次干道交叉口管线敷设及交叉的问题，保障管线安全运行，极大限度减少道路反复开挖。

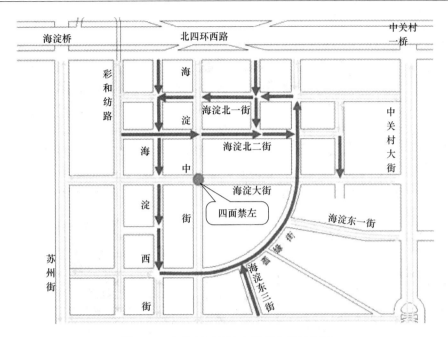

图 5-31 中关村西区综合管廊位置示意图

图 5-32 巴彦淖尔市综合管廊规划位置示意图

例如包头新都市区管廊建设示意图如图 5-33 所示。

5.4.3 综合管廊分类

除按布局分类外，根据综合管廊所容纳的管线，可以分为干线型综合管廊、支线型综合管廊、缆线型综合管廊和干支线混合型综合管廊四类；根据管廊的断面形式，可以分为矩形综合管廊、半圆形综合管廊、圆形综合管廊和拱形综合管廊四类；此外，根据舱室数量，可划分为单舱、双舱、多舱综合管廊。以下对干线型、支线型、缆线型与干支线混合型四类综合管廊进行简要介绍：

图 5-33 包头新都市区管廊建设示意图

1. 干线综合管廊

一般设置于道路中央下方或道路红线外综合管廊带内，主要输送原站（如自来水厂、发电厂、燃气制造厂等）资源到支线综合管廊，一般不直接服务沿线地区。其主要收容的管线为电力、通信、自来水、燃气、热力等管线，有时根据需要也将排水管线收容在内。在干线综合管廊内，电力从超高压变电站输送至一、二次变电站，通信主要为转接局之间的信号传输，燃气主要为燃气厂至高压调压站之间的输送。干线综合管廊的断面通常为圆形或多格箱形，综合管廊内一般要求设置工作通道及照明、通风等设备。干线综合管廊的特点主要为：稳定大流量的运输、高度的安全性、紧凑的内部结构，兼顾直接供给到稳定使用的大型用户，一般需要专用的设备，管理及运营比较简单。干线综合管廊的示意如图 5-34 所示。

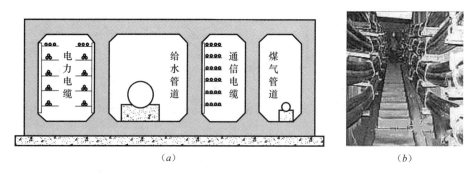

图 5-34 干线综合管廊的示意

（*a*）干线综合管廊剖面图；（*b*）干线综合管廊实景

2. 支线型综合管廊

主要负责将各种供给从干线综合管廊分配、输送至各直接用户。其一般设置在道路的两旁，收容直接服务的各种管线。支线综合管廊的断面以矩形断面较为常见，为单格或双格箱型结构。内部要求设置工作通道及照明、通风设备。主要特点为：有效（内部空间）断面较小、结构简单、施工方便，设备多为常用定型设备，一般不直接服务大型用户。支线综合管廊示意如图 5-35 所示。

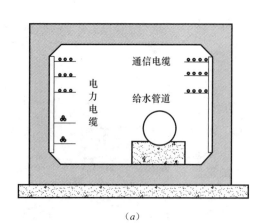

图 5-35 支线综合管廊示意

（*a*）支线综合管廊剖面图；（*b*）支线综合管廊实景

3. 缆线型综合管廊

主要负责将市区架空的电力、通信、有线电视、道路照明等电缆收容至埋地的管道。一般设置在道路的人行道下面，其埋深较浅，一般在 1.5m 左右。以矩形断面较为常见，一般不要求设置工作通道及照明、通风等设备，仅增设供维修使用的工作手孔即可。缆线型综合管廊示意如图 5-36 所示。

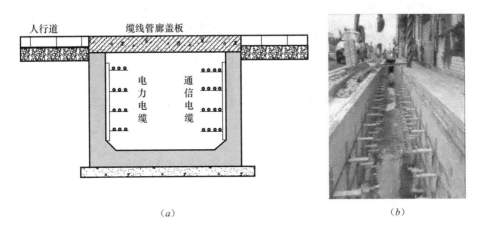

（a）   （b）

图 5-36　缆线型综合管廊示意

（a）缆线型综合管廊剖面图；（b）缆线型综合管廊实景

4. 干支线混合型综合管廊

干支线混合综合管廊在干线综合管廊和支线综合管廊的基础上各有取舍，一般适用于较宽的城市道路。

5.4.4　综合管廊常见施工工法

1. 明挖现浇法

利用支护结构支挡在地表进行地下基坑开挖，并在基坑内施工构建内部结构的施工方法，称为明挖现浇法。具有简单、施工方便、工程造价低的特点，适用于新建城市的管网建设。管廊明挖现浇示意如图 5-37 所示。

2. 明挖预制拼装法

明挖预制拼装法是一种较为先进的施工

图 5-37　管廊明挖现浇示意

方法，要求有较大规模的预制厂和大吨位的运输及起吊设备，施工技术要求、工程造价较高。特点是施工速度快，施工质量易于控制。管廊明挖预制拼装示意如图 5-38 所示。

3. 明挖半预制法

该方法结合了明挖现浇法和明挖预制法两者的优点，通过优化现浇与预制构件之间的节点设计，配置可移动式墙体模架，通过管廊底板与侧墙现浇，顶板预制拼装的手段，可实现节约周转材料、节省人工、提高工作效率的目的。目前，该工法国内正处于探索阶段。管廊明挖半预制示意如图 5-39 所示。

(a)　　　　　　　　　　　　　　　　(b)

图 5-38　管廊明挖预制拼装示意

（a）明挖管廊预制块段示意；（b）明挖管廊预制块段拼装

4. 浅埋暗挖法

浅埋暗挖法是在距离地表较近的地下进行各类地下洞室暗挖的一种施工方法。具有埋深浅、适应地层岩性差、存在地下水、周围环境复杂等特点。在明挖法和盾构法不适应的条件下，浅埋暗挖法显示了巨大的优越性。它具有灵活多变、道路及地下管线和路面环境影响性小、拆迁占地小、不扰民的特点，适用于已建城市的改造。

5. 顶管法

顶管法当管廊穿越铁路、道路、河流或建筑物等各种障碍物时，采用的一种暗挖式施工方法。在施工时，通过传力顶铁和导向轨道，用支撑于基坑后座上的液压千斤顶将管线压入土层中，同时挖除并运走管正面的泥土。适用于软土或富水软土层，无需明挖土方，对地面影响小，设备少、工序简单、工期短、造价低、速度快，适用于中型管道施工，但适应管线变向能力差，纠偏困难。管廊顶管示意如图 5-40 所示。

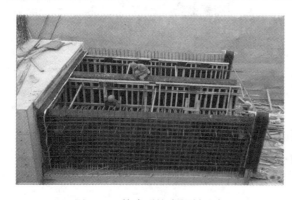

图 5-39　管廊明挖半预制示意　　　　　　　　图 5-40　管廊顶管示意

6. 盾构法

盾构法使用盾构在地中推进，通过盾构外壳和管片支撑四周围岩，防止发生隧道内的坍塌，同时在开挖面前方用刀盘进行土体开挖，通过出土机械运出洞外，靠推进油缸在后部加压顶进，并拼装预制混凝土管片，形成隧道结构的一种机械化施工方法。

该法全过程实现自动化作业，施工劳动强度低，不影响地面交通与设施；施工中不受气候条件影响，不产生噪音和扰动；在松软含水层中修建埋深较大的长隧道往往具有技术和经济方面的优越性。其缺点是断面尺寸多变的区段适应能力差，盾构设备费昂贵，对施工区段短的工程成本过高。盾构示意如图 5-41 所示。

图 5-41　盾构示意

5.4.5　综合管廊的技术发展方向

1. 预制拼装及标准化、模块化

综合管廊预制拼装技术是国际综合管廊发展趋势之一，其优势在于能大幅降低施工成本，提高施工质量，节约施工工期。

综合管廊标准化、模块化是推广预制拼装技术的重要前提之一，预制拼装施工成本取决于建设管廊的长度规模，而标准化可以使得预制拼装模板等设备的使用范围不局限于单一工程，从而降低摊销成本，有效促进预制拼装技术的推广应用。此外，编制基于综合管廊标准化的通用设计图纸，能大幅降低设计单位的工作量，节约设计周期，提高设计图纸质量。

2. 综合管廊与地下空间建设相结合

城市地下综合管廊的建设不可避免会遇到各种类型的地下空间，实际工程中经常会发生综合管廊与已建或规划地下空间、轨道交通产生矛盾，解决矛盾的难度、成本和风险通常很大。应从前期规划入手，将综合管廊与地下空间建设统筹考虑，不但避免后期出现的各种矛盾，还能降低综合管廊的投资成本。如综合管廊与地下空间重合段可利用地下空间的某个夹层、结构局部共板等。

3. 综合管廊与海绵城市建设技术相结合

新版《城市综合管廊工程技术规范》GB 50838 增加排水管道入廊技术规定，将综合管廊的设计与海绵城市技术措施相结合，既满足综合管廊的总体功能，又能提高排水防涝标准，提升城市应对洪涝灾害的能力。例如将雨水调蓄功能与综合管廊功能相结合，是工程设计中比较容易实现的一种模式。

4. BIM＋GIS 技术在综合管廊建设中的应用

BIM 是以三维数字技术为基础，对工程项目信息化进行模型化，提供数字化、可视化的工程方法，贯穿工程建设从方案到设计、建造、运营、维修、拆除的全生命周期，服务于工程项目的所有各方；GIS 信息系统是一种特定的地理信息系统。在计算机硬、软件系统的支持下，对整个或部分地球表层空间中的有关地理分布数据进行采集、储存、管理、运算、分析、显示和描述。

综合管廊从宏观到微观的信息，包括周边环境、地质条件和现状管线等。"BIM＋GIS"正好互补两者之间信息的缺失。采用"BIM＋GIS"三维数字化技术，将现状地下管线、建筑物及周边环境的三维数字化模型整合，形成动态大数据平台。在此基础上，将综合管廊、管线及道路等建设信息输入，以指导综合管廊的设计、施工和后期的运营管理，有效提高地下综合管廊工程的建设和管理水平。

5.5 海绵城市建设管理方法

海绵城市是指城市能够像海绵一样，在适应环境变化和应对雨水带来的自然灾害等方面具有良好的"弹性"，下雨时吸水、蓄水、渗水、净水，需要时将蓄存的水释放并加以利用。海绵城市建设应遵循生态优先等原则，将自然途径与人工措施相结合，在确保城市排水防涝安全的前提下，最大限度地实现雨水在城市区域的积存、渗透和净化，促进雨水资源的利用和生态环境保护。在海绵城市建设过程中，应统筹自然降水、地表水和地下水的系统性，协调给水、排水等水循环利用各环节，并考虑其复杂性和长期性。建设海绵城市并不是取代传统的排水系统，而是对传统排水系统的一种"减负"和补充，最大限度地发挥城市本身的作用。

5.5.1 海绵城市的一般管理

海绵城市的建设工程施工项目质量控制应有相应的施工技术标准、质量管理体系、质量控制和检验制度。

海绵城市建设设施所用原材料、半成品、构配件、设备等产品，进入施工现场时必须按相关规定进行进场验收。

施工现场应做好水土保持措施，减少施工过程中对场地及其周边环境的扰动和破坏。

应以国家现行的相关验收规范标准、设计文件、施工合同等作为验收的依据和标准，对具备验收条件的海绵城市建设工程进行验收。有条件的项目，海绵城市建设工程的验收宜在整个工程经过一个雨季运行检验后进行。

5.5.2 建筑与小区的海绵城市建设管理

建筑与小区海绵城市建设使用的设施均应质量检测合格，入场前需查验产品合格证。

下凹式绿地（图 5-42）、植草沟（图 5-43）、延时滞留池（图 5-44）、下沉式绿地广场（图 5-45）、透水性路面设计（图 5-46）、透水性路面实景（图 5-47）等渗透设施的施工，应符合下列规定：

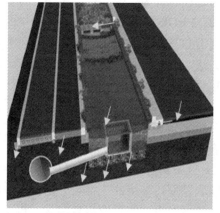

图 5-42　下凹式绿地　　　　　　　　　图 5-43　植草沟

图 5-44　延时滞留池　　　　　　图 5-45　下沉式绿地广场

（1）施工前应对入渗区域的表层土壤渗透能力和地下水位数据进行采集；采用的砂料应质地坚硬清洁，级配良好，含泥量不应大于 3％；粗骨料不得采用风华骨料，粒径应符合设计要求，含泥量不应大于 1％。

（2）开挖、填埋、碾压施工时，应进行现场事前调查、选择施工方法、编制工程计划和安全规程，施工不应降低自然土壤的渗透能力。

（3）施工程序，应符合下列规定：

挖掘→铺砂→铺透水土工布→充填碎石→渗透设施安装→充填碎石→铺透水土工布→回填→残土处理→清扫整理→渗透能力的确认。

透水铺装的施工程序：

土基挖槽→底基层→基层→找平层→透水面层→清扫整理→渗透能力确认。如图 5-46、图 5-47 所示。

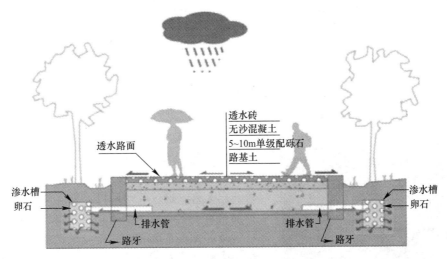

图 5-46　透水性路面设计示意

水池、沟槽开挖和地基处理，应符合下列规定：

（1）基坑基底的原状土层不得扰动、受水浸泡或受冻。

（2）地基承载力、地基的处理应满足水池荷载要求。

121

（a）　　　　　　　　　　　　　（b）

图 5-47　透水性路面实景

（a）透水砖式透水路面；（b）透水沥青混合料式透水路面

（3）弱承载能力地基，应采用钢筋混凝土进行加固处理。

（4）开挖基坑和沟槽，底边应留出不小于 0.5m 的安装宽度。

（5）水池池底与管道沟槽槽底标高允许偏差±10mm。

硅砂砌块拼装组合水池的钢筋混凝土底板施工，应符合下列规定：

（1）施工前应对地基基础进行复验后方可进行施工。

（2）渗透池应在底板上铺设透水土工布。

（3）蓄水池应在底板浇筑前铺设不透水土工膜，底板下压埋的不透水土工膜宽度不应小于 500mm，且超出底板周边长度不应小于 300mm，设于底板下的不透水土工膜应在底板浇筑前完成焊接和检查工作。

（4）养护期完成后，方可进行下一步施工。

塑料模块拼装组合水池骨架的安装，应符合下列规定：

（1）底板的结构形式的选择应根据土壤的承载能力和埋深确定。

（2）渗透池应在底板上铺设透水土工布，蓄水池应在底板上铺设不透水土工膜。

（3）模块的铺设和安装从最下层开始，逐层向上进行。在安装底层模块时，应同时安装水池出水管。当有水池井室时应将井室就位，模块使用连接件连成整体。

（4）水池骨架安装到位后，安装水池的进水管、出水管、通气管等附件。在水池骨架的四周和顶部包裹土工布或土工膜并回填。

水处理设备的安装应按照工艺要求进行，在线仪表安装位置和方向应正确，不得少装、漏装。

PP 雨水模块示意如图 5-48 所示。

雨水处理装置如图 5-49 所示。

雨水利用如图 5-50 所示。

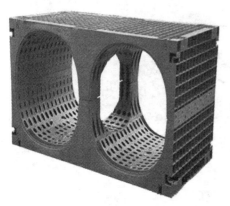

图 5-48　PP 雨水模块示意

图 5-49 雨水处理装置   图 5-50 雨水利用

5.5.3 绿地海绵城市建设管理

场地建设，应符合下列规定：

（1）施工前，必须了解场地的地上地下障碍物、管网、地形地貌、土质、控制桩点设置、红线范围、周边情况及现场水源、水质、电源、交通情况，按照园林绿化工程总平面或根据建设单位提供的现场高程控制点和坐标控制点进行施工。

（2）绿地蓄水设施在施工前，应充分考虑工程区域地下水位，应在储存构筑物施工过程中采取措施防止水池浮动。

（3）绿地海绵城市建设设施土壤改良过程中，应在保证土壤肥力的基础上，增加土壤的入渗率。

海绵城市建设设施施工时，应重点做好防护工作，避免相邻区域的施工人员对设施造成损坏。施工时，应了解自然沉降和水压情况，可适当预留出沉降度。设施周围边界的处理上应注意进水口高程、进水口道路立缘石开口宽度、植物种类和种植密度等问题。

"快排"模式与海绵城市对比示意，如图 5-51 所示。

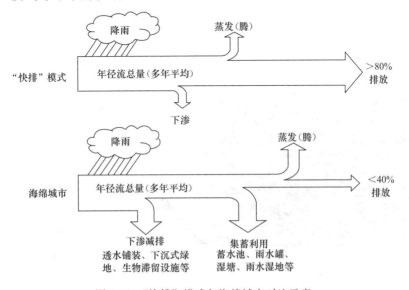

图 5-51 "快排"模式与海绵城市对比示意

人工湿地示意，如图 5-52 所示。

（a）　　　　　　　　　　　　　　（b）

图 5-52　人工湿地示意

（a）小型景观人工湿地；（b）大型人工湿地

5.5.4　道路与广场海绵城市设施建设管理

道路与广场海绵城市设施的施工竣工验收应由建设单位组织市政、园林绿化等部门验收，应满足《城镇道路工程施工与质量验收规范》CJJ 1—2008 及其他相关标准的规定，并对设施规模、竖向、进水口、溢流排水口、绿化种植等关键环节进行重点验收，验收合格后方可交付使用。

透水面层工程质量、验收标准应符合《透水砖路面技术规程》CJJ/T 188—2012、《透水沥青路面技术规程》CJJ/T 190—2012 和《透水水泥混凝土路面技术规程》CJJ/T 135—2009 相关规定。路基、垫层和基层施工应符合《城镇道路工程施工与质量验收规范》CJJ 1—2008 的相关规定，且渗透系数应符合设计要求。

通过建设模块式雨水调蓄系统、地下水的调蓄池或下沉式雨水调蓄广场等设施，最大限度地把雨水保留下来。

模块式雨水调蓄设施示意如图 5-53 所示。

地下雨水调蓄池示意如图 5-54 所示。

下沉式雨水调蓄广场示意如图 5-55 所示。

图 5-53　模块式雨水调蓄设施

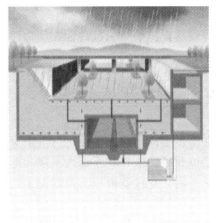

图 5-54　地下雨水调蓄池

图 5-55　下沉式雨水调蓄广场

5.5.5　水务系统海绵城市建设管理

水务系统海绵城市建设程序，应符合下列规定：

（1）清淤、截污、护岸、土方等涉及倒流、围堰或水下施工的工程内容宜安排在非汛期实施，避开雨季、洪水期。

（2）各类水生植物根据河道水位变动情况，宜在生态环境构建结束后的非汛期加入。

（3）水生动物宜安排在水生植物群落生长基本稳定后投放。

（4）生物浮床、增氧机、生物膜安装等涉及水上施工的工程内容宜在主体结束后实施，在避开洪水期的同时，还需考虑气候条件对浮床植物及生物膜活性的影响。

（5）植物沟、下凹式绿地、陆域缓冲带等陆域海绵设施的施工宜在涉水工程基本结束后实施。

5.5.6　海绵城市建设的风险管理

雨水回用系统输水管道严禁与生活饮用水管道连接。

地下水位高低及径流污染严重的地区应采取有效措施防止下渗雨水污染地下水。

严禁向雨水收集口和低影响开发雨水设施内倾倒垃圾、生活污水和工业废水，严禁将城市污水管网接入低影响开发设施。

城市雨洪行泄通道及易发生内涝的道路、下沉式立交桥区等区域，以及城市绿地中湿塘、雨水湿地等大型低影响开发设施应设置警示标识和报警系统，配备应急设施及专职管理人员，保证暴雨期间人员的安全撤离，避免安全事故的发生。

陡坡坍塌、滑坡灾害易发生的危险场所，对居住环境以及自然环境造成危害的场所，以及其他有安全隐患的场所不应建设低影响开发设施。

严重污染源地区（地面易积累污染物的化工厂、制药厂、金属冶炼加工厂、传染病医院、油气库、加油站等）、水源保护地等特殊区域如需开展低影响开发建设的，除适用本指南外，还应开展环境影响评价，避免对地下水和水源地造成污染。

低影响开发雨水设施的运行过程中需注意防范以下风险：

（1）绿色屋顶是否导致屋顶漏水。

（2）生物滞留设施、渗井、渗管、渗透塘等渗透设施是否引起地面或周边建筑物、构筑物坍塌，或导致地下室漏水等。

5.6 建筑业"互联网＋"模式简介

在"互联网＋"的运作模式下，采购商可在平台上报出需求信息，再由多家供应商平台竞价，有效保证双方在透明、公平的契约原则下开展洽谈并相互深入了解，建立合作关系。供销实现网上对接，不仅使材料供应价格更透明，通过竞价也大大降低了材料需求企业的购入成本。

目前建筑业数字化程度不高，需要应用 BIM 等技术；由于行业管理对象的特点，需要物联网和云计算；由于地域性特点，需要发展移动互联网。国家主管部门的指导意见已经明确，首先要推动以 BIM 为代表的信息化技术的应用，率先解决建筑业本身的数字化问题。未来，建筑业要把这些信息化技术和建造技术融合，不断提高现代化水平。建筑业只有和互联网"＋"到一起，才能够真正实现产业现代化。这是值得全行业共同期待的场景。由此带来革命性的变化是：市场集中度将大幅提升，真正改变中国建筑业"大企业成本比小企业高"、"小企业成本比个体包工头成本高"的奇怪现象，将行业规模经济优势做出来，使行业竞争更为理性，行业平均利润增加。

如今电子信息化时代，"互联网＋"的发展已经有目共睹。许多曾经难以想象的事已经被"互联网＋"验证是可以实现的。即使是系统复杂的建筑业，也可以适应"互联网＋"的热潮。建筑业"互联网＋"革命无疑将对全社产生巨大贡献，最终引领建筑业产业浪潮的，应该是及早全面实践"建筑业互联网＋"的企业。

"互联网＋"的时代，信息是最重要的。在"建筑业互联网＋"模式下，相关人员可以及时获取行业资讯、采购信息、供应链体系变化等，从而掌握第一手有力的资料，并从中创造价值。不惧众流始为沧海，"建筑业互联网＋"正在从浅水走向蓝海。

坚持走产业化道路，要以工业化改造传统建筑业。要实现这一目标，有两个方面特别重要：重视技术装备更新，引导产业由以手工作业为主向以机械化、自动化设备推动工业化发展为主转变；跟进人才培养，除工程技术人员外，产业工人的培养非常重要，这与技术装备更新是相辅相成的。建筑业未来面临的技术工人缺口会越来越大，技术装备水平、生产方式的落后，会使建筑业未来发展遇到极大的困难。"互联网＋"大潮下的变革，要从商业本质上出发，即最终要体现在对客户的价值创造上。因此，商业的本质与企业多年沉淀、积累的核心竞争力需保持和传承。建筑业融入互联网，要明确方向，首先要做好以 BIM 为核心的关键技术的应用，形成生产建造过程的互联网化、集成化、虚拟化以及定制化，进而直接提高生产力，解决生产效率、管理效率低下的问题，并在此基础上产生大数据，通过行业、企业有意识地整理、加工，逐步建立基于大数据的征信系统，为后续产业互联网金融的发展做好准备。

需要积极改变组织模式。互联网模式强调的是与最终用户更加直接地接触，形成直接价值的传递，需要组织扁平化。扁平化的目的是激活组织内部的个体，让每个个体加强自主经营意识，最终形成自我经营和自我驱动。在这个意义上，企业的运营模式也要有所转变。以往企业日常运营更多地是去获取资源和占有资源，互联网思维则更多地强调如何充分利用好社会化资源，更加强调开放、合作、共赢的经济模式。其次是激励机制的改变。一个企业的发展，最终需要人才推动。在互联网思维下，合伙人模式正在成为主流，这种模式更能激发整个组织的活力和创新能力。总之，当前形式下，建筑领域相关企业单位，只有尽快融入智慧互联时代，才能更好地提升核心竞争力，更出色地完成项目。

6 案 例

6.1 工程概况

××市××广场××号楼项目，该项目位于××市××区××道××地块。地上部分属于超高层建筑，桩筏基础，塔楼主体结构为钢框架-核心筒结构，裙房为框架结构，是一座集商业、办公于一体的综合性建筑。地上由 70 层塔楼（不含顶部造型）及 4 层裙房组成，其中 8、23、35、53 层为避难层，69、70 层为设备用房。地下室 4 层，且地下室连为一体，地下部分功能为酒店配套用房和车库等。塔楼高 299.8m，裙房高 20.9m。

开工日期为 2013 年 8 月 20 日，竣工日期为 2016 年 12 月 30 日。总建筑面积 209500m²（地下：46500m²；地上：163000m²），工程基坑开挖面积约 10200m²，呈较规则多边形（近似于"L 形"），短边约 59～99m，长边约 139m，周长约 438m，塔楼基础底板厚 4m，群房基础底板厚 1.2m。

6.2 项目实施计划编制

（节选）

项目部实施计划编制任务表　　　　　　　　　　表 6-1

项目名称及编码	××广场××号楼工程/项目编号：×××××1D03E01F02G0×××××					
项目基本情况	建设地点位于××市××区××道××地块。建筑由 70 层塔楼、4 层裙房和 4 层地下室组成。项目总建筑面积 209500m²，总高度 299.80m。					
序号	计划名称	责任部门/人	编制要点	完成期限	审核人	批准人
1	提纲及要点	项目经理/刘××		2013.8		
2	项目部组织机构及职责	项目经理/刘××		2013.8		
3	项目部合同责任分配（索赔与反索赔）	商务经理/朱××		2013.8		
4	项目技术管理实施计划	技术总工程师/郑××		2013.8		
5	项目设计管理实施计划	技术总工程师/郑××		2013.8		
6	项目生产管理实施计划	生产经理/蔡××		2013.8		
7	项目部综合事务管理实施计划	项目经理/刘××		2013.8		
8	项目分包管理实施计划	生产经理/蔡××		2013.8		
9	项目材料采购管理实施计划	商务经理/朱××		2013.8		
10	项目料具及设备管理实施计划	物资部/杨××		2013.8		
11	质量管理计划	质量总监/杨××		2013.8		
12	环境管理计划	生产经理/蔡××		2013.8		
13	职业健康与安全管理计划	安全总监/宋××		2013.8		
14	信息与沟通管理计划	项目经理/刘××		2013.8		

续表

序号	计划名称	责任部门/人	编制要点	完成期限	审核人	批准人
15	成本计划	商务经理/朱××		2013.8		
16	风险控制计划	项目经理/刘××		2013.8		
17	项目资金管理及税务实施计划	商务经理/朱××		2013.8		
18	项目保安管理实施计划	安全总监/宋××		2013.8		
19	其他需制定的计划（如CI创优）	技术总工程师/郑××		2013.8		
20	目录及汇总	项目经理/刘××		2013.8		
编制	刘××	审核		批准		
时间	2013/7/25	时间	2013/7/25	时间	2013/7/25	

工程收（付）款计划表 表6-2

项目名称及编码	×××						
项目基本情况	×××						
收款计划				付款计划			
年份	月份	本月收入	累计收入	年份	月份	本月支出	累计支出
2013	7	2，000	2，000	2013	7	1，570	1570
2013	8	375	2，375	2013	8	346	1916
2013	9	896	3，271	2013	9	850	2766
2013	10	935	4，206	2013	10	887	3653
2013	11	863	5，069	2013	11	822	4475
2014	12	1500	6，569	2014	12	1，420	5895
2014	1	1137	7，706	2014	1	1，065	6960
2014	2	1195	8，901	2014	2	1，119	8079
2014	3	1283	10，184	2014	3	1，188	9267
2014	4	1937	12，121	2014	4	1，880	11147
2014	5	1639	13，760	2014	5	1，542	12689
2014	6	2341	16，101	2014	6	2，308	14997
2014	7	2754	18，855	2014	7	2，616	17613
2014	8	1719	20，574	2014	8	1，677	19290
2014	9	2207	22，781	2014	9	2，000	21290
2014	10	1624	24，405	2014	10	1，604	22894
2014	11	2006	26，411	2014	11	1，813	24707
2014	12	2352	28，763	2015	12	2，229	26936
2015	1	2538	31，301	2015	1	2，457	29393
2015	2	2585	33，886	2015	2	2，390	31783
2015	3	2912	36，798	2015	3	2，779	34562
2015	4	2477	39，275	2015	4	2，374	36936
2015	5	2601	41，876	2015	5	2，510	39446
2015	6	3866	45，742	2015	6	3，772	43218
…	…	…					…
编制	黄××	审核	朱××	批准		刘××	
时间	2013.8	时间	2013.8	时间		2013.8	

注：单位万元

现金流分析表（部分）　　　　　　表 6-3

时间	2013 年 6 月		2013 年 7 月		2013 年 8 月		2013 年 9 月		2013 年 10 月		2013 年 11 月		2013 年 12 月	
内容	S	U	S	U	S	U	S	U	S	U	S	U	S	U
一、计划现金流入														
1. 预付款			2000	2000		2000		2000		2000		2000		2000
2. 工程款					839	839	1160	1999	1099	3098	2027	5125	2664	7789
合计			2000	2000	839	2839	1160	3999	1099	5098	2027	7125	2664	9789
二、计划现金流出														
1. 分包费			1950	1950	550	2500	470	2970	195	3165	1162	4327	1325	5652
2. 劳务费					145	145	80	225	220	445	190	635	770	1405
3. 材料费					0	430	430	460	890	400	1290	302	1592
4. 机械费						0	17	17	19	36	50	86	65	151
5. 管理费			30	30	50	80	55	135	50	185	51	236	65	301
6. 税费			18	18	30	48	55	55	76	131	55	186	55	241
7. 保修费					35	35	30	65	30	95	35	130	30	160
8. 保证金					0		0		0		0		0	
9. 备用金					8	8	12	12	11	23	20	43	27	70
合计			1998	1998	818	2816	1149	3965	1061	5026	1963	6989	2639	9628
净现金流量			2	2	21	23	11	34	38	72	64	136	25	161

注：时间以月为单位；S——当期现金流；U——当期累计现金流。

项目主要技术方案计划表　　　　　　表 6-4

项目名称及编码	×××			
项目基本情况	×××			
序号	方案名称	编制人	完成时间	备注
1	临建施工方案	梁××	2013.07.31	
2	临电施工方案	刘××	2013.07.20	
3	临水施工方案	刘××	2013.07.20	
4	现场 CI 策划方案	梁××	2013.08.01	
5	沉降观测方案	梁××	2013.08.01	
6	基坑降水及土方开挖施工方案	郑××	2013.07.20	
7	防水施工方案	封××	2013.11.15	
8	塔式起重机安拆施工方案	××公司	2013.08.10	
9	内支撑施工方案	于××	2013.08.01	
10	钢筋施工方案	谭××	2013.12.10	
11	模板施工方案	谭××	2013.12.10	
12	混凝土施工方案	谭××	2013.12.10	
13	核心筒墙爬模施工方案	梁××	2013.12.31	
14	底板大体积混凝土施工方案	梁××	2013.12.01	
15	钢管混凝土施工方案	梁××	2013.12.15	
16	巨型组合柱施工方案	郑××	2013.12.31	
17	型钢混凝土工程施工方案	郑××	2014.01.10	
18	空心混凝土楼板施工方案	郑××	2014.01.20	

续表

序号	方案名称	编制人	完成时间	备注
19	外架施工方案	梁××	2013.12.01	
20	屋面施工方案	于××	2015.03.30	
21	粗装修方案	封××	2014.03.30	
22	门窗安装方案	于××	2014.03.30	
23	季节性施工方案	封××	2013.11.10	
24	试验施工方案	封××	2013.08.21	
25	测量施工方案	龚××	2013.08.10	
26	塔式起重机基础施工方案	梁××	2013.08.10	
27	高压线防护方案	封××	2013.08.01	
28	落地式脚手架施工方案	梁××	2013.11.30	
29	电气工程施工方案	××分包	2013.12.31	
30	给排水及采暖工程施工方案	××分包	2013.12.31	
31	安全防护施工方案	张××	2013.08.30	
32	成品保护施工方案	张××	2013.08.30	
33	职业健康安全管理方案	宋××	2013.08.30	
...	...		...	

编制	龚××	审核	郑××	批准	刘××
时间	2013.7	时间	2013.7	时间	2013.7

项目技术复核计划　　　　　　　　　　　　　　表 6-5

项目名称及编码		×××		
项目基本情况		×××		
复核部位	复核项目	复核内容	参加人	完成时间
建筑定位	建筑定位	定位桩、轴线标高	孟××、随××、杨××	2013.8.15
基坑开挖边线	基坑开挖边线	轴线、尺寸、位置	孟××、随××、杨××	2013.8.17
垫层	垫层边线	轴线、尺寸、位置	孟××、随××、杨××	2014.2.19
	混凝土	标高	孟××、随××、杨××	2014.2.22
基础	测量放线	轴线、边线	孟××、随××、杨××	2014.2.22
	钢筋、模板	钢筋规格、间距、保护层厚度；模板标高、截面尺寸、钢板止水带焊接质量、标高及位置	随××、贾××	2014.3.24
	混凝土	标高、保养状况、成型质量	随××、郑××	2014.3.29
主体结构	测量放线	轴线、边线、20cm控制线	孟××、随××、贾××	2014.3.29
	墙柱钢筋	墙柱钢筋规格、间距、焊接质量、构造尺寸	随××、郑××	2014.4.5
	钢筋、模板	满堂架立杆间距、立杆下木垫、扫地杆、水平拉杆、剪刀撑、墙柱模板对拉螺杆、垂直度、拼缝、下角口封堵、二次结构插筋、现浇面模板标高、拼缝、预留洞口、插筋、截面尺寸、梁板钢筋规格、型号、构造尺寸、节点构造、垫块、保护层	随××、贾××	2014.4.9
	混凝土	现浇面标高、混凝土保养、降板区观感	随××、贾××	2014.4.12

续表

复核部位	复核项目	复核内容	参加人	完成时间
二次结构	钢筋	圈梁、构造柱、拉结筋、窗台压顶、构造节点等钢筋规格、间距、成型质量	随××、郑××	2015.4.15
	填充墙	位置、垂直度、平整度、灰缝厚度、搭接尺寸、门窗洞口标高、尺寸、预埋混凝土砖位置、砂浆配合比	随××、郑××	2015.4.15
	混凝土	圈梁、构造柱、压顶、节点构造混凝土的振捣、标高、尺寸	随××、郑××	2015.4.19
地下室外墙	防水涂料	涂刷质量、阴阳角构造、涂刷高度	随××、贾××	2015.5.3
……	……	……		
编制	孟××	审核	郑××	批准	刘××
时间	2013.7.2	时间	2013.7.3	时间	2013.7.3

项目部计量器具配置计划表　　表 6-6

项目名称及编码	×××			
项目基本情况	×××			
序号	计量器具名称	规格型号	数量	备注
1	全站仪	NTS-352	1	测距精度 3mm+2PPM
2	激光铅直仪	拉特	1	项目部测量保存
3	电子经纬仪	ET-02	3	项目部测量保存
4	水准仪	DSZ2	3	自动安平水准仪
5	钢卷尺	50m	2	各精度一把
6	钢卷尺	5m	3	项目部测量保存
7	混凝土振动台	台面：0.8m×0.8m	1	项目部测量保存
8	温湿度自控器	BYS-Ⅱ	1	项目部测量保存
9	架盘天平	JPT-2C	1	项目部测量保存
10	干湿温度计	HTC-1	1	项目部测量保存
11	混凝土试模	$b=150mm$	300	项目部测量保存
12	抗渗试模	$\phi150mm$，$h=150mm$	60	项目部测量保存
13	砂浆试模	$b=70.7mm$	50	项目部测量保存
14	取土环刀	$V=200cm^3$	15	项目部测量保存
15	坍落度筒	TLY-1	2	项目部测量保存
16	数显回弹仪	GTJ-HTY	1	项目部测量保存
17	游标卡尺	I型	3	项目部测量保存
18	塔尺	5m	1	项目部测量保存
19	螺纹环规	UNC-2A	1	项目部测量保存
20	力矩扳手	1~2000mm	1	项目部测量保存
21	激光标线仪	LS5211	1	项目部测量保存
22	万用表	TES2201	2	项目部测量保存
23	全站仪	NTS-352	1	结构分包配置
……	……	……		
编制	孟××	审核	郑××	批准	刘××
时间	2013.7	时间	2013.7	时间	2013.7

主要物资（设备）需求计划表 表 6-7

项目名称及编码				×××			
联系人		电话		计划时间		编号	
序号	物资（设备）名称	规格型号	单位	计划数量	计划进场日期	备注	
1	混凝土	C30	m³	4756.24	2013.9		
…	…	…					
7	混凝土	C60	m³	10496.55	2014.3		
8	现浇混凝土钢筋	1. 类别：HPB300 2. 规格：直径 6mm	t	474.177	2014.3		
…	…	…					
25	现浇混凝土钢筋	1. 类别：HRB400 2. 规格：直径 36mm	t	284.753	2014.2		
26	直螺纹套管	1. 直螺纹套管 2. 直径 16mm	个	100036	2014.2		
…	…	…					
33	直螺纹套管	1. 直螺纹套管 2. 直径 36mm	个	9600	2014.2		
34	空心砖墙、砌块墙	BM 轻集料砌块 填充内墙 100mm 厚	m³	39.35	2014.10		
…	…	…					
49	空心砖墙、砌块墙	SN 一体化保温砌块 填充外墙 400mm	m³	39.40	2015.4		
50	实心砖墙	轻集料砼空心砌体	m³	2644.80	2015.4		
51	零星砌砖	BM 轻集料砌块	m³	28.66	2015.4		
52	面砖	20mm 厚	m²	119.80	2015.5		
…	…	…					
55	面砖	5～6mm 厚	m²	2003.59	2015.5		
56	钢结构构件	——	t	约26000	2014.2～ 2015.8		
…	…	…					
申请人	随××	审核	蔡××	批准		刘××	
时间	2013.8	时间	2013.8	时间		2013.8	

工程分包计划表 表 6-8

项目名称及编码				×××		
项目基本情况				×××		
序号	工程（工作）名称	工程量	造价	所需劳动力 及设备	计划开工及完工日期	备注
1	土方分包	227067	×××	45	2013.8.9～2013.12.19	m³
2	降水分包	1	×××	25	2013.7.28～2015.8.21	项
3	主体劳务分包	209500	×××	750	2013.7.10～2015.8.21	m²
4	钢结构分包	25389.68	×××	325	2013.12.10～2015.8.20	t
5	钢承台分包	71.57	×××	30	2013.8.23～2013.12.19	t
6	基坑支护拆除分包	1913	×××	43	2013.8.23～2013.12.19	m³

续表

序号	工程（工作）名称	工程量	造价	所需劳动力及设备	计划开工及完工日期	备注
7	人防门分包	40	×××	18	2014.5.21～2014.12.30	樘
8	防水分包	34447	×××	65	2013.12.10～2016.10.15	m²
9	栏杆、扶手分包	3209	×××	45	2015.8.21～2016.5.21	m
10	吊顶分包	159800	×××	30	2015.8.21～2016.5.21	m²
11	防静电地板分包	462	×××	15	2015.8.21～2016.5.21	m²
12	耐磨楼地面分包	5607	×××	55	2015.8.21～2016.5.21	m²
13	氟碳漆踢脚	6590	×××	25	2015.8.21～2016.5.21	m
14	结构植筋	37500	×××	15	2014.8.21～2015.8.21	根
15	临水临电	209500	×××	20	2013.9.10～2016.9.10	m²
16	二次结构分包	209500	×××	500	2014.8.21～2015.8.21	m²

申请人	黄××	审核	朱××	批准		刘××
时间	2013.8	时间	2013.8	时间		2013.8

总平面布置计划　　　　　　　　　　　　　　　　　表 6-9

项目名称及编码		×××				
施工现场现状		×××				
临时设施布置	部署内容	布置位置	占地面积/建筑面	开始时间	拆除时间	主要做法
	办公区	拟建建筑的东北角	535/420m²	2013.9	2016.10	轻钢龙骨彩板房屋
	生活区	××道××号	830/2500m²	2012.7	—	砖混结构
	现场库房、泵房、标养室等临建	生活区、办公区	320m²	2013.10	2015.8	轻钢龙骨彩板房屋
	钢筋加工区	拟建建筑东侧	240/230m²	2013.7	2015.8	钢管桁架
	钢筋外加工厂	拟建场外	2010/400m²	2013.10	2015.8	钢管桁架
	木工加工	拟建第一道内支撑上	200/60m²	2012.7	2014.10	钢管、模板
	水电加工区	拟建建筑东侧	100/60m²	2014.3	2015.8	钢管、模板
	材料堆放区	拟建建筑东侧	50m²	2013.10	2015.8	300mm 高砖砌台
	围墙、大门	围墙沿建筑红线、大门设置在北侧	—	2013.10	2016.7	现有建设单位砖墙
	道路	拟建建筑东侧、北侧	—	2013.9	2016.7	混凝土
大型机械布置	部署内容	布置位置	型号	数量	安装时间	拆除时间
	塔式起重机	塔楼先一台平衡臂后改三台动臂塔式起重机、裙房两台	TC6015/R5515、M440D	6	2013.8	2015.9
	施工电梯	塔楼东侧及内部	—	6	2014.8	2015.11
	混凝土泵	场外	HBT90·48·572RS	2	2014.10	2015.8

续表

临水布置	由北侧水源引出一根 DN100 干管，沿主路北侧引入各施工用水部位，以满足施工现场生产、消防及生活要求				
临电布置	本工程临电电源由 4 台 400kVA 变压器提供，全系统采用 TN—S 接地，三相五线制保护形式，三级控制				
编制	封××、随××、张××	审核	郑××、××、张××	批准	刘××
时间	2013.7	时间	2013.7	时间	2013.7

项目盈亏预测汇总表 表 6-10

项目名称及编码			×××						
合同总价（万元）			××××		合同编号				
合同完成日期	2013.7.10	开工日期	2013.7.15		实际（预计）完工日期			2016.10.15	
项目责任书确定利润目标		3358 万元			2013 年第 1 次测算				

项目	预测工程竣工成本情况			年度成本完成情况预测					
	年度第1次	年度第2次	年度第3次	年初累计	年度预计			下年度	再下年度
					上半年	下半年	全年		
A	B	C	D	E	F	G	H	I	J
一、收入总计	119154				0	6091	6091	32194	42545
二、支出总计	115596				0	5771	5771	31140	40929
1. 分包费	94125				0	2152	2152	22165	34890
2. 人工费					0				
3. 材料费	13761				0	2454	2454	6556	3150
1）工程材料费	13342				0	2000	2000	6500	3138
2）周转材料费	419				0	354	354	56	12
4. 机械费	2807				0	116	116	880	1261
5. 其他直接费	2631				0	678	678	557	744
1）临时设施费	1271				0	480	480	207	450
2）安全措施费	570				0	178	178	80	80
3）其他费用	790				0	20	20	300	214
6. 项目管理费	1600				0	323	323	756	688
7. 税费	872				0	148	148	276	246
三、毛利	3%				0	1.90%	1.90%	3.2%	3.70%
内部利息收支	0				0				
四、盈亏	3358				0	120	120	1054	1616
项目经理	刘××		填报人		朱××		填报日期		2013.7.10

注：成本预测按季度进行，每次预测时，应与前两次预测数据进行对比。每一项（单位为万元）变化超过 5％ 均应说明原因。为满足本表的要求，项目部应进行以下测算及建表工作：（1）项目盈亏预测变化分析表；（2）工程成本预测表；（3）工程合同造价明细表；（4）主要变更索赔明细表；（5）分包商索赔表；（6）工程材料支出预测明细表；（7）机械费支出预测明细表；（8）项目其他直接费支出预测明细表；（9）项目管理费及税金支出预测明细表；（10）工程收款计划表；（11）工程分包支出预测明细表。

工艺试验及现场检（试）验计划（节选）　　　　表 6-11

序号	检（试）验项目	规格型号	部位	检（试）验依据	试验要求 工艺检验	试验要求 现场检（试）验	代表批量	数量	检（试）验方法	责任人
1	钢筋直螺纹连接	HRB33520	基础	JG 107—2010	√		32 个	32 个	抗拉强度	杨×
2	钢筋直螺纹连接	HRB33525	基础	JG 107—2010	√		10 个	10 个	抗拉强度	杨×
3	钢筋直螺纹连接	HRB40018	基础	JG 107—2010	√		500 个	11000 个	抗拉强度	杨×
4	钢筋直螺纹连接	HRB40020	基础	JG 107—2010	√		500 个	25450 个	抗拉强度	杨×
5	钢筋直螺纹连接	HRB40022	基础	JG 107—2010	√		500 个	13200 个	抗拉强度	杨×
6	钢筋直螺纹连接	HRB40025	基础	JG 107—2010	√		500 个	13000 个	抗拉强度	杨×
7	钢筋直螺纹连接	HRB40028	基础	JG 107—2010	√		500 个	6400 个	抗拉强度	杨×
8	钢筋直螺纹连接	HRB40032	基础	JG 107—2010	√		500 个	41000 个	抗拉强度	杨×
9	钢筋直螺纹连接	HRB50022	基础	JG 107—2010	√		500 个	35000 个	抗拉强度	杨×
10	钢筋直螺纹连接	HRB50025	基础	JG 107—2010	√		500 个	8000 个	抗拉强度	杨×
11	钢筋直螺纹连接	HRB50032	基础	JG 107—2010	√		500 个	10000 个	抗拉强度	杨×
12	钢筋直螺纹连接	HRB40018	主体	JG 107—2010	√		500 个	32000 个	抗拉强度	杨×
13	钢筋直螺纹连接	HRB40020	主体	JG 107—2010	√		500 个	31000 个	抗拉强度	杨×
14	蒸压加气混凝土砌块	200 厚	基础	GB/T 1968—2006		√	10000 块	60000 块	立方体抗压强度、干密度	杨×
15	蒸压加气混凝土砌块	100 厚	主体	GB/T 1968—2006		√	10000 块	50000 块	立方体抗压强度、干密度	杨×
…	…	…	…	…						

编制	杨×	审核	郑××	批准	刘××
时间	2013.7.2	时间	2013.7.3	时间	2013.7.3

项目部收尾工作计划表　　　　表 6-12

项目名称及编码			×××	
序号	工作项目	是否需要工作方案	责任人或部门	工作期限
1	工程收尾	是■否□	项目经理	预计一个月 开始时间：2016.9.10
2	工程移交申请	是□否■	项目经理	预计一周 开始时间：2016.9.1
3	工程档案资料移交	是■否□	项目总工程师	预计一周 开始时间：2016.8.23
4	办公设施清理	是□否■	协调经理	预计一个月 开始时间：2016.7.23
5	生活设施清理	是□否■	协调经理	预计一个月 开始时间：2016.7.23
6	材料及机器清理	是□否■	协调经理	预计一个月 开始时间：2016.7.23

序号	工作项目	是否需要工作方案	责任人或部门	工作期限
7	道路清理	是□否■	协调经理	预计一个月 开始时间：2016.7.23
8	场地清理	是□否■	协调经理	预计一个月 开始时间：2016.7.23
9	工地周边公共设施还原	是■否□	协调经理	预计一个月 开始时间：2016.7.23
10	人员撤离	是□否■	协调经理	预计一周 开始时间：2016.10.10
11	合同收尾及结算清理	是□否■	商务经理	预计竣工后三个月内完成
12	项目保函、保证金清理	是□否■	商务经理	预计竣工后14天内完成
13	分包工作清理	是□否■	生产经理	预计一个月 开始时间：2013.9.15
14	通信及网络报停	是□否■	协调经理	预计一周 开始时间：2013.10.15
15	项目成本还原工作	是□否■	商务经理	预计结算完成后14天内完成 预计开始时间：2017.1.15
16	项目总结工作	是□否■	项目经理	工程结算完成1个月内
编制	随××、黄××	审核	蔡××、霍××、朱××	批准	刘××
时间	2013.7	时间	2013.7	时间	2013.7

项目部管理资料归档表　　　　表 6-13

项目名称及编码		×××		
序号	项目管理资料归档类目	主要内容及时间阶段	责任人或部门	工作期限
1	项目履约条件调查资料	在项目开工之初明确合同履约资料的范围及详细的种类、管理要求、责任人员、总负责人	朱××	项目全过程
2	项目合同评审资料	合同评审资料建立、收集、整理、管理	朱××	项目全过程
3	项目人员工资收入资料	薪酬管理	刘××	项目全过程
4	项目管理实施计划	项目部正式组建后，按《项目策划书》、《项目部责任书》的要求编写《项目部实施计划》	刘××	项目全过程
5	企业以项目考核、评审资料	公司对项目部进行绩效考核分五个阶段	公司	项目全过程
6	项目现金流测算资料	在工程开工前，编制项目现金流分析表、实施过程中进行动态管理	公司及项目	项目全过程
7	项目信息识别与管理资料	信息与沟通需求识别、信息管理计划、日常信息管理	陈××	项目全过程
8	项目物资及设备计划、采购、合同、验收、调拨等资料	物资及设备日常管理、物资需用计划、供应商管理、物资采购、物资验收与检验、物资贮存、物资使用及盘点等	杨××	项目全过程
9	项目分包管理资料	分包商注册、考核、选择、进场、使用管理、退场及结算	朱××	项目全过程
10	项目综合事务方面资料	办公秩序管理、生活服务管理、CI形象管理、资产管理、接待及重大活动管理	霍××	项目全过程

序号	项目管理资料归档类目	主要内容及时间阶段	责任人或部门	工作期限
11	项目盈亏测算及成本管理资料	成本测算、成本核算及控制	刘×× 朱××	项目全过程
12	项目生产计划及进度管理资料	施工准备及项目开工管理、进度控制、作业面管理及每日情况报告、进度检查与考核等	蔡××	项目全过程
13	项目成品保护、质量创优、QC小组活动资料	成品保护、质量验收、QC小组活动资料	杨××	项目全过程
14	项目保安工作资料	制定项目保安管理实施计划并监督、检查	宋××	项目全过程
15	项目收尾管理资料	工地清理,按企业的安排将工程移交建设方,再逐步进行工程结算、档案资料归档移交工程正式移交前一个月	蔡×× 梁××	工程正式移交前一个月
16	项目回访保修资料	工程保修期内的保修工作及记录项目保修阶段	霍××	项目保修阶段
编制	马××	审核	郑××	批准	刘××
时间	2013.7	时间	2013.7	时间	2013.7

项目部重要活动管理计划表　　　　　　　　表 6-14

项目名称及编码		×××		
项目基本情况		×××		
序号	仪式名称	时机	责任人	备注
1	合同签署仪式	2013年7月	×××	—
2	开工典礼	2013年8月20日	刘××	—
3	基础底板浇筑完成活动	2014年1月10日	刘××	—
4	封顶典礼	2015年8月21日	刘××	—
5	开业典礼	2016年7月22日	刘××	—
6	工程交接仪式	2016年10月2日	刘××	—
7	竣工发布会	2016年10月5日	刘××	—
8	竣工典礼	2016年10月7日	刘××	—
编制	封××	审核	霍××	批准	刘××
时间	2013.7	时间	2013.7	时间	2013.7

参 考 文 献

［1］ 成虎. 工程项目管理［M］. 北京：中国建筑工业出版社，2001.

［2］ 杜晓玲. 建设工程项目管理［M］. 北京：机械工业出版社，2006.

［3］ 中国建筑业协会工程项目管理专业委员会. 建设工程项目管理规范：GB/T 50326—2006［S］. 北京：中国建筑工业出版社，2006.

［4］ 《建设工程项目管理规范》编写委员会. 建设工程项目管理规范实施手册：第2版［M］北京：中国建筑工业出版社，2006.

［5］ 吴涛. 施工项目经理工作手册［M］. 北京：地震出版社，1998.

［6］ 田振郁. 工程项目管理实用手册：第2版［M］. 北京：中国建筑工业出版社，2000.

［7］ 冯州，张颖. 项目经理安全生产管理手册［M］. 北京：中国建筑工业出版社，2004.